de Gruyter Lehrbuch

Bayer · Einführung in das Programmieren in ALGOL

Einführung in das
Programmieren in ALGOL

von

Dr. Georg Bayer

Zweite, verbesserte Auflage

mit 26 Abbildungen

Walter de Gruyter & Co · Berlin 1971

Die erste Auflage erschien unter dem Titel
„Einführung in das Programmieren, I. Programmieren in Algol"

 Archiv-Nr. 13 95 701 – Satz: IBM-Composer, Walter de Gruyter & Co. – Druck: J. Schönwald KG, Berlin – Printed in Germany

Vorwort

Das vorliegende Buch behandelt die problemorientierte Programmiersprache **Algol**. Neben anderen problemorientierten Programmiersprachen ist Algol besonders für wissenschaftliche und technische Anwendungen geeignet. Wer das Programmieren erfaßt hat, indem er sich Algol bedient hat, wird leicht andere Programmiersprachen erlernen können, da Algol gut geeignet ist, die Grammatik einer Programmiersprache kennenzulernen. Es scheint vom praktischen Standpunkt aus überflüssig zu sein, die Grammatik einer Sprache näher kennenzulernen, als zum Sprechen der Sprache unbedingt nötig ist. Doch wird die wohltuende Strenge der Grammatik von Algol dem Leser auch hilfreich die Hand beim Programmieren führen.

Anliegen dieses Buches sind die Darstellung der Sprache Algol, der Umgang mit der Sprache beim Formulieren von Algorithmen und das praktische Programmieren. Das Entwickeln von Algorithmen, z. B. die algorithmische Aufbereitung numerischer Methoden, wird nicht behandelt.

Das Buch wendet sich vor allem an den zukünftigen Benutzer von digitalen Rechenautomaten. Spezielle Vorkenntnisse, die über die Schulmathematik hinausgehen, werden vom Leser nicht gefordert. Er muß jedoch bereit sein, der induktiven Aufbereitung des Stoffes zu folgen, indem er mit besonderer Sorgfalt die Beispiele durchgeht und die erworbenen Kenntnisse an der Lösung der Übungsaufgaben mißt. Der Stoff wird schließlich auch leblos bleiben, solange der Leser nicht Gelegenheit hat, einige Programme an einem Rechenautomaten durchzuführen.

Das Buch soll aber auch dem angehenden Fachmann einen Zugang zu den Problemen der Informationsverarbeitung bieten, falls er den Weg über die Anwendung des Rechners wählt. Auch aus diesem Grunde ist die Behandlung einiger Punkte etwas eingehender, als mancher Leser im Vergleich mit einem „Sprachunterricht" erwarten mag.

Die Darstellung des Stoffes ist in mehreren Jahren entstanden; Mitarbeiter des Rechenzentrums der Technischen Universität Braunschweig und viele anonyme Helfer haben direkt und indirekt dazu beigetragen. Ihnen allen gilt mein Dank.

Ferner danke ich dem Verlag für gute und unkomplizierte Zusammenarbeit.

Braunschweig, im November 1970 *Georg Bayer*

Inhaltsverzeichnis

1. Einführung

Wir entwickeln im ersten Kapitel eine allgemeine Vorstellung von einem Programm und von der Funktion eines Rechenautomaten. Auf diesem Hintergrund wird, in Kapitel 2 beginnend, das Programmieren in Algol dargestellt. Der ungeduldig auf das Erlernen des Programmierens wartende Leser kann nach Lektüre der Abschnitte 1.2. und 1.5. zu Kapitel 2 übergehen.

1.1. Programme für Automaten

Programmieren heißt „ein Programm machen". Zum Beispiel ist das Programm einer Veranstaltung der Plan, nach welchem der Veranstalter Nummer für Nummer der Veranstaltung zu präsentieren gedenkt. Während der Veranstaltung kann es sein, daß unvorhergesehene Ereignisse ihn hindern, dem Programm zu folgen; die Veranstaltung verläuft nicht dem Programm gemäß. Man kann während der Veranstaltung eine Nummernfolge aufzeichnen, die jedoch nicht das Programm ist, auch dann nicht, wenn die Veranstaltung programmgemäß verlief.

Abbildung 1 zeigt ein Programm, nach dem ein Patient am späten Abend einen Arzt zu erreichen sucht. Wir wählen dieses Programm, obwohl Menschen selten in dieser Weise nach einem vorgefertigten Plan handeln. Wesentlich an diesem Beispiel ist für unsere Betrachtung, daß alle Schritte, zu denen auch die Entscheidungen gehören, vorgeplant sind. Wird dieses Programm durchgeführt, dann entsteht eine Liste der tatsächlich ausgeführten Programmschritte, der **dynamische** Programmablauf (Abb. 2), im Gegensatz zu dem **statischen** Programm (Abb. 1).

Abb. 1. **Programm „Arztbesuch"**

S 1: Rufe A um 19.00 an
S 2: Wenn erreichbar, weiter bei S7
S 3: Wenn schon 20.00, weiter bei S9
S 4: 15 Minuten warten
S 5: Rufe A an
S 6: Weiter bei S2
S 7: Versuche Besuch zu vereinbaren
S 8: Falls gelungen, weiter bei S12
S 9: Rufe B an
S10: Wenn erreichbar, versuche Besuch zu vereinbaren
S11: Falls kein Besuch vereinbart, weiter bei S13
S12: Besuch (bei A oder B)
S13: Schluß für heute

Abb. 2. **Durchführung „Arztbesuch", dynamischer Programmablauf**

(S 1)	Rufe A um 19.00 an
(S 2)	A nicht erreicht (um 19.00)
(S 3)	Es ist noch nicht 20.00
(S 4)	15 Minuten warten
(S 5)	Rufe A an (um 19.15)
(S 6, S2)	A nicht erreicht (um 19.15)
(S 3)	Es ist noch nicht 20.00
(S 4)	15 Minuten warten
(S 5)	Rufe A an (um 19.30)
(S 6, S2)	A erreicht
(S 7)	Gespräch mit A
(S 8)	Vereinbarung gelungen
(S12)	Besuch (bei A)
(S13)	Schluß für heute

Ist ein Ablauf in der Art des letzten Beispiels programmiert, nämlich derart, daß alle Schritte geplant sind, und nach jedem Schritt eindeutig der nächste bestimmt ist, dann kann die Durchführung des Programms einem dafür geeigneten Automaten überlassen werden. Nur solche Programme interessieren uns hier. Dem Automaten wird das Programm mitgeteilt (eingegeben), und der Automat unternimmt die schrittweise Durchführung des Programms automatisch (d. h. „selbsttätig", „sich selbst bewegend").

Ein **Automat** ist ein Gebilde, das eine Menge von Zuständen annehmen kann derart, daß ein Zustand jeweils den nächsten eindeutig bestimmt. Beispiele sind z. B. ein Waschautomat, ein Getränkeautomat, ein Zigarettenautomat. Diese Automaten arbeiten meistens nach einem fest eingestellten Programm, das der Automateneinsteller z. B. bei einer Preisänderung für den Getränkeautomaten neu einstellt. (Er programmiert!)

Unser Thema ist das Programmieren von Rechenautomaten, Automaten nämlich, die nach einem Programm Rechenarbeiten ausführen. Abbildung 3 zeigt eine Rechenaufgabe zusammen mit der Rechenvorschrift, dem Programm, und einem Beispiel zur Durchführung des Programms. Zur Eingabe in einen Rechenautomaten muß das Programm noch eine andere, geeignete Form erhalten. Die Durchführung dieser einfachen Aufgabe mit Papier und Bleistift ist ermüdend, langweilig, mechanisch; sie bedarf zudem noch einer Nachprüfung auf Rechenfehler.

Das Programm für den Rechenautomaten, die Rechenvorschrift, heißt auch **Algorithmus**. Programme für den Rechenautomaten sind leicht auswechselbar, indem man in den Automaten neue Programme eingibt. Genauer spricht man von **elektronischen, programmgesteuerten, digitalen Rechenautomaten** (RA). Der RA verarbeitet neben anderen Informationen (z. B. Texten, Listen, Programmen) auch Zahlen; er kann z. B. die vier arithmetischen Grundrechenoperationen ausführen. Das Wort „elektronisch" deutet darauf hin, daß die Informationen nicht durch mechanische Methoden dargestellt und verarbeitet werden, sondern durch elektronische. Das bedeutet, daß der RA sehr schnell arbeiten kann und sehr viele Informationen aufnehmen kann. Er nimmt auch sein Programm auf. Als typischer Wert für seine Leistung gelte 100000 Operationen pro Sekunde und mehr. Das Wort digital bedeutet, daß Werte ziffernmäßig, diskret veränderbar, dargestellt werden. Im Gegensatz dazu stellt der Analogrechner die Werte kontinuierlich veränderbar, z. B. durch elektrische Spannungen, dar.

Über die Leistungsfähigkeit der Automaten und ihre Bedeutung für unser Leben gibt es genug Informationen; diesen in den Massenkommunikationsmitteln zumeist sensationellen Berichten ist nur hinzuzufügen, daß derjenige, der die Aufgabe der Konstruktion und des Einsatzes von Automaten kennt, diese nützlichen Maschinen aus sachlichen Gründen als weniger unmenschlich betrachten wird.

Abb. 3. **Skalierung von Meßwerten und Mittelwertbildung**

Aufgabe:

n Meßwerte x seien nach der Vorschrift $y = 1.2073\,x - 0.074$ in skalierte Meßwerte y umzurechnen und ihr Mittelwert (Summe der Werte y_i geteilt durch ihre Anzahl n) ist anzugeben.

Bemerkung: Addiert man zur Bildung des Mittelwertes viele Zahlen y_i, dann hat man schließlich mit einer großen Summe umzugehen. Das kann man vermeiden, wenn man den Mittelwert

$m = 1/n \sum_{i=1}^{n} y_i$ *errechnet nach*

$$m = mg + 1/n \sum_{i=1}^{n} (y_i - mg),$$

wobei mg ein geschätzter Mittelwert ist; nun sind nur die Abweichungen $y_i - mg$ zu addieren.

Rechenvorschrift:

S1: Nimm ersten Meßwert x, errechne $y = 1.2073\,x - 0.0740$. Dieser Wert sei mg. Zähle Meßwert.

S2: Nimm nächsten Meßwert x, berechne $y = 1.2073\,x - 0.0740$, zähle Meßwert, bilde $y - mg$, addiere diesen Wert zur bisherigen Summe der $y - mg$.

S3: Falls noch ein Meßwert, dann gehe nach S2.

S4: Teile die Summe der $y - mg$ durch die Anzahl der Meßwerte, addiere diesen Wert zu mg. Dies ist der gesuchte Mittelwert.

S5: Schluß.

Durchführung eines Zahlenbeispiels

Meßwerte x *0.9431*
0.9004
1.0046

Dynamischer Programmablauf:

(S1) $y = mg = 1.2073 \times 0.9431 - 0.0740 = 1.0646$; Anzahl $= 1$;
y anschreiben;

(S2) Nächstes $y = 1.2073 \times 0.9004 - 0.0740 = 1.0130$; y anschreiben;
Anzahl $= 1 + 1 = 2$; $y - mg = - 0.0516$; Summe $= - 0.0516$;

(S3) Gehe nach S2;

(S2) Nächstes $y = 1.2073 \times 1.0046 - 0.0740 = 1.1388$; y anschreiben;
Anzahl $= 2 + 1 = 3$; $y - mg = + 0.0742$; Summe
$= - 0.0516 + 0.0742 = 0.0226$;

(S3) Gehe nicht nach S2;

(S4) Teile Summe $+ 0.0226$ durch Anzahl 3, liefert $+ 0.0075$;
$m = mg + 0.0075 = 1.0721$;

(S5) Schluß.

Tabelle der y: *1.0646*
1.0130
1.1388
Mittelwert der y: $m = 1.0721$

1.2. Rechenautomat und Rechenvorschrift

Wir stellen uns die folgende Aufgabe:
Ein Polynom

$$y(x) = 3.2\,x^3 - 1.8\,x^2 + 2.1\,x + 0.7$$

ist für die Werte

$$x = -1.0, -0.9, \ldots, +0.9, +1.0$$

zu tabellieren.

Allgemeiner ausgedrückt: *Eine Tabelle der Argumente und der zugehörigen Funktionswerte ist für eine gegebene Funktion aufzustellen. Dabei läuft das Argument von einer unteren Intervallgrenze bis zu einer oberen Intervallgrenze mit einer gegebenen Schrittweite.*

Zur Erledigung der Aufgabe mit Papier und Bleistift macht man sich gewöhnlich ein Formular, dessen Zeilen nacheinander von links nach rechts gemäß der in der Überschrift angegebenen Rechenvorschrift ausgefüllt werden. Der Ausdruck für $y(x)$ wird umgeformt, damit weniger Multiplikationen (zur Bildung der Potenzen) ausgeführt werden müssen.

$$y(x) = ((3.2 \times x - 1.8) \times x + 2.1) \times x + 0.7$$

Rechenformular

x	$3.2 \times x - 1.8$	$\times x + 2.1$	$\times x + 0.7$	y (gerundet)
-1.0	-5.00	+7.10	-6.40	-6.4
-0.9	-4.68	+6.31	-4.98	-5.0
-0.8	-4.36	+5.59	-3.77	-3.8
-0.7	-4.04	+4.93	-2.75	-2.8
...	...	...	...	...
+1.0	+1.40	+3.50	+4.20	+4.2

Es liegt nicht im Rahmen dieser Darstellung, Algorithmen zur Lösung von Aufgaben zu finden, sondern es ist unser Ziel, eine uns irgendwie und irgendwoher bekannte Rechenvorschrift als Programm für den Rechenautomaten zu formulieren. Unsere Beispiele sind zumeist so einfach, daß uns schon der Versuch, Rechenschritte in Worten klar und eindeutig zu beschreiben, zu diesem Ziel führt, wenn wir dabei noch die Eigenschaften des Rechenautomaten berücksichtigen.

Versuchen wir zunächst, ein Programm für unser Beispiel zur Bearbeitung durch eine menschliche Hilfskraft zu formulieren. Wir stellen fest, daß die Werte der Koeffizienten des Polynoms für das Programm insofern nicht wesentlich sind, als sie austauschbar sind. Deswegen wenden wir uns der allgemeineren Aufgabe zu:

> *Das Polynom* $y(x) = a\,x^3 + b\,x^2 + c\,x + d$ *ist zu tabellieren für Werte* x, *laufend von* xu *bis* xo, *in Schritten von* xs.

Wenn wir sagen, der Ausdruck $((a \times x + b) \times x + c) \times x + d$ ist zu berechnen, dann nehmen wir an, daß uns Werte für a, b, c, d, x gegeben sind, sozusagen eine Belegung der symbolischen Größen a, b, c, d, x, und mit diesen Werten ist der Wert des Ausdrucks zu bilden.

Wenn wir sagen *„multipliziere mit x"*, dann heißt das *„multipliziere mit dem Wert, den x im Augenblick hat"*. Die a, b, c, d, x sind also variable Größen. Unser Programm, formuliert für eine Hilfskraft, könnte dann so lauten wie Abbildung 4 zeigt.

Abb. 4. Programm für eine Hilfskraft

S0: Lasse Werte für *xu, xs, xo, a, b, c, d* angeben. Führe Rechnung mit zwei Stellen nach dem Komma durch.

S1: Schreibe den ersten Wert *xu* für x an.

S2: Errechne $a \times x + b$ und notiere den Wert in der zweiten Spalte.

S3: Nimm den Wert der zweiten Spalte, multipliziere ihn mit x und addiere c; diesen Wert notiere in der dritten Spalte.

S4: Nimm den Wert der dritten Spalte, multipliziere ihn mit x und addiere d; diesen Wert notiere in der vierten Spalte.

S5: Bilde den Wert y durch Rundung des Wertes aus der vierten Spalte auf eine Stelle nach dem Komma.

S6: Errechne den nächsten Wert für x, indem zum letzten Wert x die Schrittweite *xs* addiert wird; schreibe den Wert in die erste Spalte.

S7: Falls $x > xo$, dann Schluß, andernfalls weiter bei S2.

Rechenformular:

x	$a \times x + b$	$\times x + c$	$\times x + d$	y

xu	
xs	
xo	
a	
b	
c	
d	

Nun wollen wir uns eine grobe Vorstellung von der Struktur und der Arbeitsweise des RA machen. Der RA hat einen Speicher, bestehend aus vielen einzelnen numerierten Speicherzellen. Jede Zelle kann u. a. einen Zahlenwert aufnehmen. Der Inhalt einer Speicherzelle, also z. B. eine Zahl, kann in ein Verarbeitungswerk geleitet werden; mehrere Werte (also Inhalte von Speicherzellen) können im Verarbeitungswerk zu einem neuen Wert arithmetisch verknüpft werden. Dieses Ergebnis kann in eine Speicherzelle geschrieben werden, wobei der alte Inhalt dieser Zelle zerstört wird.

Betrachten wir jetzt, mit der Vorstellung vom Speicher des RA, noch einmal das Rechenformular in Abbildung 4. Von allen Werten des Formulars interessieren uns nur die erste und die letzte Spalte. Wenn wir über eine Zeile gehen, dann darf der Wert in einer Spalte verlorengehen, sobald der Wert der darauffolgenden Spalte errechnet ist; ein x wird dann nicht mehr gebraucht, wenn das nächste x bestimmt ist. Legen wir im Rechenautomaten Speicherzellen für die Rechengrößen $a, b, \ldots, x, y$ fest, dann können diese also in einfacher Weise immer wieder mit neuen Werten beschrieben werden. Die variablen Rechengrößen $a, \ldots, y$ haben in jedem Moment einen bestimmten Wert. Wir nennen sie **Variable**. Die Zuweisung eines (neuen) Wertes an eine Variable wird durch das **Ergibtzeichen** „:=" symbolisiert, und wir lesen „y :=" als „*y ergibt sich aus*". Abbildung 5 zeigt für einen RA geeignete Programmbeispiele. Eine Angabe über die Stellenzahl nach dem Komma brauchen wir nicht zu machen, da der Automat mit der seiner Konstruktion entsprechenden Stellenkapazität arbeitet, und die Angabe einer geringeren Stellenzahl i. a. nicht möglich ist (vgl. 2.7.1).

Abb. 5. **Programmbeispiele für einen Rechenautomaten**

Programm für Wertetabelle eines Polynoms (vgl. Abb. 4)

Gebraucht werden die Variablen: *a, b, c, d, xu, xs, xo, x, y;*
Anzugeben sind Werte für: *a, b, c, d, xu, xs, xo;*

```
    x := xu;
S:  y := a × x + b;
    y := y × x + c;
    y := y × x + d;
    Wertepaar x, y als Zeile einer Tabelle drucken;
    x := x + xs;
    Wenn x ≤ xo, dann nach S;
    Ende.
```

Bemerkung: Die mit S markierte Zeile und die beiden folgenden könnten auch durch

$$S: y := ((a \times x + b) \times x + c) \times x + d$$

ersetzt werden.

Programm für Skalierung von Meßwerten und Mittelwertbildung (vgl. Abb. 3)

Gebraucht werden die Variablen: *x, y, z, mg, m;*

S1: Wert für *x* einlesen; *m* := *0;*
y := *1.2073* × *x* - *0.0740;*
mg := *y; z* := *1;* Wert von *y* ausdrucken;

S2: Wert für *x* einlesen;
y := *1.2073* × *x* - *0.0740;* Wert von *y* ausdrucken;
z := *z* + *1;*
m := *m* + *y* - *mg;*

S4: Falls noch ein Meßwert, gehe nach S2;
m := *m*/*z* + *mg;* Wert von *m* ausdrucken;

S5: Ende.

Abb. 6. **Modell eines Rechenautomaten**

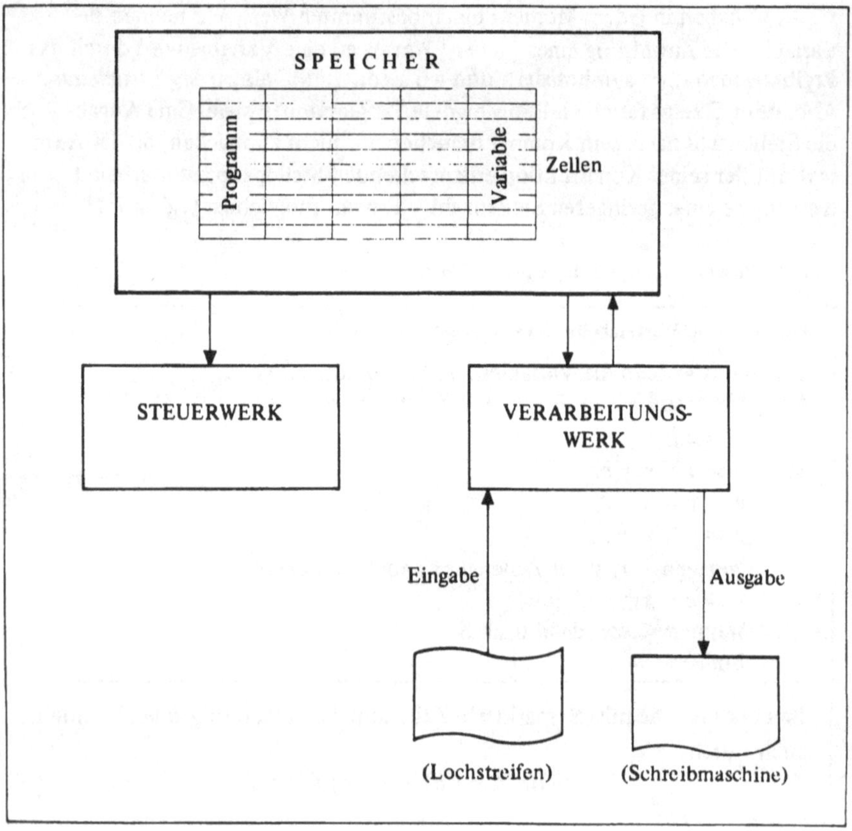

Unsere Vorstellung vom Rechenautomaten ist in Abbildung 6 modellhaft wiedergegeben. Der **Speicher** enthält das Programm, die Variablen, andere Zahlenwerte und Informationen. Die Arbeitsschritte des Automaten werden von einem **Steuerwerk** gemäß dem im Speicher vorhandenen Programm gesteuert. Im **Verarbeitungswerk** können u. a. arithmetische Verknüpfungen von Werten durchgeführt werden, die gespeichert vorliegen. An dem Automaten ist als Ausgabe z. B. ein Drucker, als Eingabe z. B. ein Lochstreifen- oder Kartenleser angeschlossen.

1.3. Problemorientierte Programmiersprachen

Der RA muß das Programm, welches wir schreiben, in seinen Speicher aufnehmen. Dies entspricht dem Lesen des Programms aus Abbildung 4 durch die menschliche Hilfskraft. Damit die Hilfskraft das Programm ausführen kann, müssen wir es in einer Sprache schreiben, deren Worte und Sätze einen solchen Bedeutungsinhalt haben, daß sie von der Hilfskraft in die von uns gewünschten Handlungen umgesetzt werden können. Analoges gilt für den RA.

Die elementaren Funktionen des RA werden beschrieben durch sogenannte **Befehle**, die in den numerierten Speicherzellen Platz finden. Für eine grobe Vorstellung von der Funktion der Befehle genügt es, einige Befehle in Worten zu beschreiben.

/ Bringe Zahl aus angegebener Zelle in zentrales Register
/ Addiere Zahl aus angegebener Zelle zur Zahl im zentralen Register
/ Speichere Zahl aus dem zentralen Register in angegebene Zelle
/ Sprungbefehl: Führe als nächsten Befehl den in angegebener Zelle aus
/ Stopbefehl: Halt

Damit der RA die Anweisung

$$a := a + b$$

durchführen kann, müssen

1. die Speicherplatznummern (Adressen) für a und b festgelegt sein,

   z. B. *a in Zelle 4045*
   b in Zelle 4050

2. drei Befehle ausgeführt werden, nämlich
   / Bringe Zahl aus Zelle 4045 in zentrales Register
   / Addiere Zahl aus Zelle 4050 zur Zahl im zentralen Register
   / Speichere Zahl aus dem zentralen Register in Zelle 4045

Diese 3 Befehle, die zunächst in Worten dargestellt wurden, sind dem RA in einer gewissen Codierung zu geben:

z. B. *bei einer Rechenanlage ICT 1907*	*LDX 6 4045*
	ADX 6 4050
	STO 6 4045
z. B. *bei einer Rechenanlage Electrologica X1*	*2A 4045X0*
	0A 4050X0
	6A 4045X0

An diesem Beispiel für einige Befehle im elementaren Befehlscode (auch **Maschinencode** genannt) sehen wir, daß das Programmieren im Maschinencode

1. aufwendig ist, da der Befehl ein recht kleiner Verarbeitungsschritt ist;
2. vom Problem ablenkt, da z. B. die Speicherplatznummern anstelle der Variablen angesprochen werden;
3. Anlaß zu Codierungs- und Programmierfehlern gibt;
4. Programme liefert, die jeweils nur an einem Rechenanlagentyp ausführbar sind.

Der Benutzer wünscht eine **problemorientierte Programmiersprache,** d. h. eine Sprache, die dem Problem angepaßte Ausdrucksformen hat und mit den Einzelheiten des Maschinencodes nicht belastet ist. Der „Satz"

$$y := ((a \times x + b) \times x + c) \times x + d$$

ist ein Beispiel für eine numerischen Aufgaben angepaßte Ausdrucksform.

Ein in einer „höheren" Programmiersprache als dem Maschinencode geschriebenes Programm muß zur Ausführung durch den RA in den Maschinencode des jeweiligen RA übersetzt werden. Die Übersetzung kann durch ein Übersetzungsprogramm (auch **Compiler** genannt) vom RA selbst durchgeführt werden, wenn die problemorientierte Sprache so streng formuliert ist, daß die Übersetzungsaufgabe nach festen, programmierbaren Regeln geschehen kann. Eine solche Programmiersprache ist dann in dem Sinne universell, als sie an jedem RA angewandt werden kann, für den ein Compiler existiert.

Es gibt eine Reihe von problemorientierten Programmiersprachen. Algol (algorithmic language) und FORTRAN (formula translator) sind die für numerische Aufgaben im wissenschaftlich-technischen Bereich gebräuchlichsten. COBOL (common business oriented language) dient der Programmierung von Aufgaben aus dem Bereich der Verwaltung. Ferner gibt es Programmiersprachen für spezielle Anwendungen, z. B. zur numerischen Steuerung von Werkzeugmaschinen.

Dieses Buch befaßt sich mit dem Programmieren in Algol. Welche Bedeutung die Tätigkeit des Programmierens bei der Lösung einer Aufgabe mit Hilfe eines RA einnimmt, zeigt die folgende Übersicht.

Schritte zur Durchführung eines Rechenvorhabens

Problemanalyse	*Fachgebiet*
Formulierung der Aufgabenstellung	*Mathematik oder Fachgebiet*
Plan zur Lösung bzw. Wahl eines Rechenverfahrens	
Programmieren (in Algol)	*Programmieren*
Lochen des Programms und der Zahlendaten, Durchführung am RA (Übersetzen in den Maschinencode und Rechnen)	*(Ausführung des Programms in einem Rechenzentrum)*
Beurteilung der Ergebnisse	*Mathematik oder Fachgebiet*

Das Programmieren in einer problemorientierten Programmiersprache läßt den Benutzer vergessen, daß die elektronischen Schaltwerke nur sehr primitive Befehle verwirklichen. Ein Übersetzungsprogramm (Compiler) und andere Programme erleichtern die Benutzung eines RA. Es ist für einen Benutzer nicht nötig zu unterscheiden zwischen solchen Funktionen des Automaten, die durch (auswechselbare) Programme (die **software**) und solchen, die durch Schaltwerke und Speicher (die **hardware**) verwirklicht sind. Bei den sehr vielseitigen Anwendungen der RA ist es heute die *software*, welche bei der Entwicklung eines einsatzfähigen RA mehr Aufwand verschlingt als die *hardware*.

1.4. Der Programmablaufplan

Bevor man ein Programm im Maschinencode schreibt, skizziert man gewöhnlich den Algorithmus in Form eines **Programmablaufplans** (auch **Strukturdiagramm** genannt). Dieser Ablaufplan gibt eine bildhafte und übersichtliche Darstellung des Programms. Beim Programmieren in Algol wird man bei einfacheren Aufgaben auf den Ablaufplan verzichten; bei komplexeren Aufgaben während der Entwicklung des Algorithmus jedoch nützt der Ablaufplan der Konzentration auf das Wesentliche. Abbildung 7 zeigt den Ablaufplan, der äquivalent dem Programm aus Abbildung 1 ist. Der Vorteil des Ablaufplans liegt offensichtlich darin, daß Pfeile, welche an die Stelle der „Sprünge" (z. B. „weiter bei S2") treten, das Auge schnell zum nächsten Programmschritt leiten, und darin, daß Programmschritte durch Einrahmung hervortreten.

Sinnbilder für Programmablaufpläne sind im Normblatt DIN 66001 festgelegt. (Für unsere Zwecke ist, siehe *Verzweigung*, eine kleine Abweichung von der Norm günstig.)

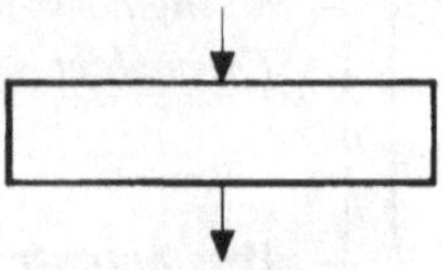

Anweisung (Operation), besitzt genau einen Eingang und einen Ausgang.

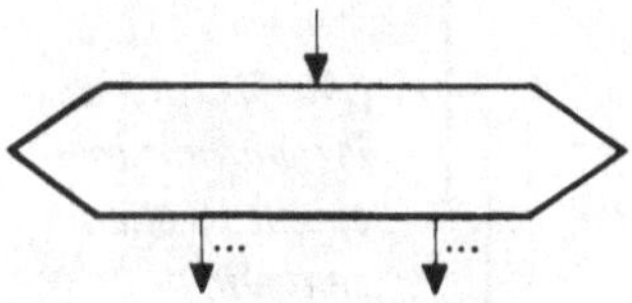

Verzweigung, besitzt genau einen Eingang und zwei, i. a. mit „ja" und „nein" bezeichnete Ausgänge, die abhängig von einer gestellten Bedingung weiterführen. (Das Normsymbol ist eine Raute.)

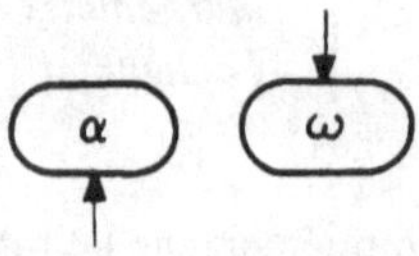

Anfang, Ende (Grenzstelle)

gerichtete **Ablauflinie**

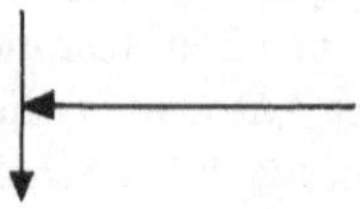

Zusammenführung

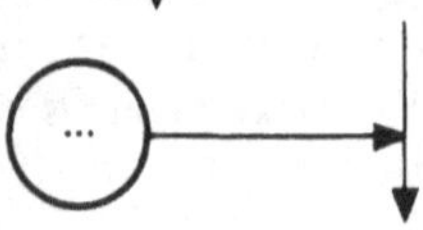

Marke, bezeichnete Markierung auf einer Ablauflinie zur Identifizierung einer Stelle des Ablaufplanes.

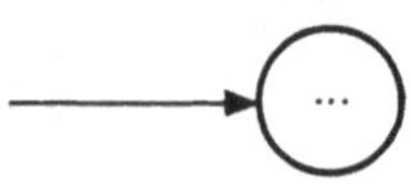

Konnektor, symbolisiert die Verbindung zu der gleichbezeichneten Marke hin, eine Ablauflinie ersetzend.

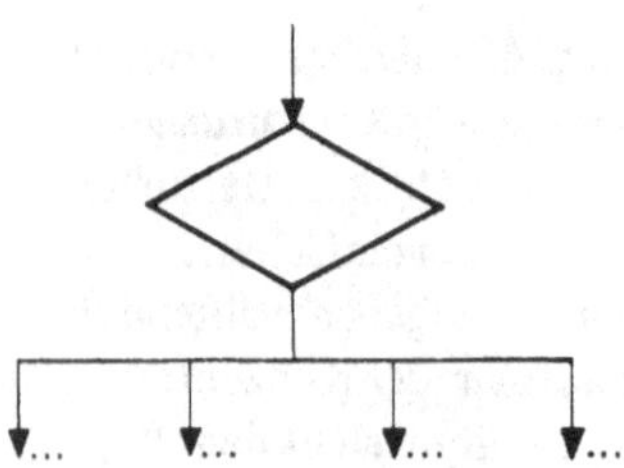

Verteiler, besitzt einen Eingang, mehrere bezeichnete Ausgänge.

Einen Teil eines Programmablaufplanes, der einen Eingang und einen Ausgang besitzt, kann man durch Einrahmung wiederum zu einer Anweisung zusammenfassen.

Abb. 7. **Programmablaufplan für „Arztbesuch"**

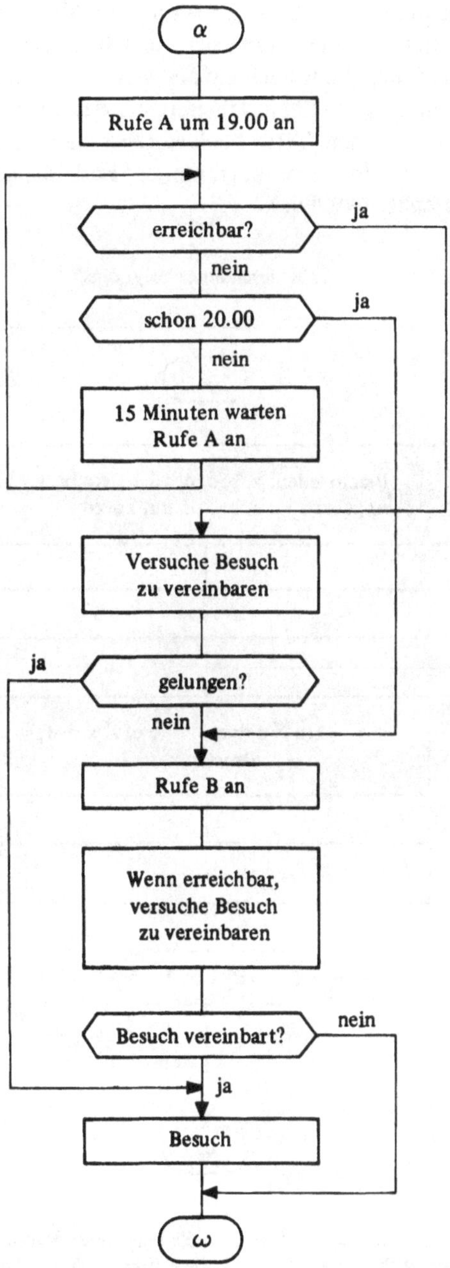

Beispiele:

Abbildung 8 gibt die recht einfachen Programmablaufpläne für die Aufgaben aus Abbildung 5. Das Beispiel für die Verarbeitung von Meßwerten haben wir etwas realistischer gestaltet: Der Leser kann sich vorstellen, daß es unzweckmäßig wäre, die Entscheidung, „Falls noch ein Meßwert . . .", vom RA zu verlangen: Man müßte z. B. eine Photozelle installieren, um das Ende des Lochstreifens mit den Meßwerten zu erkennen. Tatsächlich verfährt man so, daß eine Information auf dem Lochstreifen selbst dem Programm das Ende signalisiert, z. B. als letzte Information eine Zahl – 99999.

Abb. 8. **Programmablaufplan „Tabellieren eines Polynoms"**

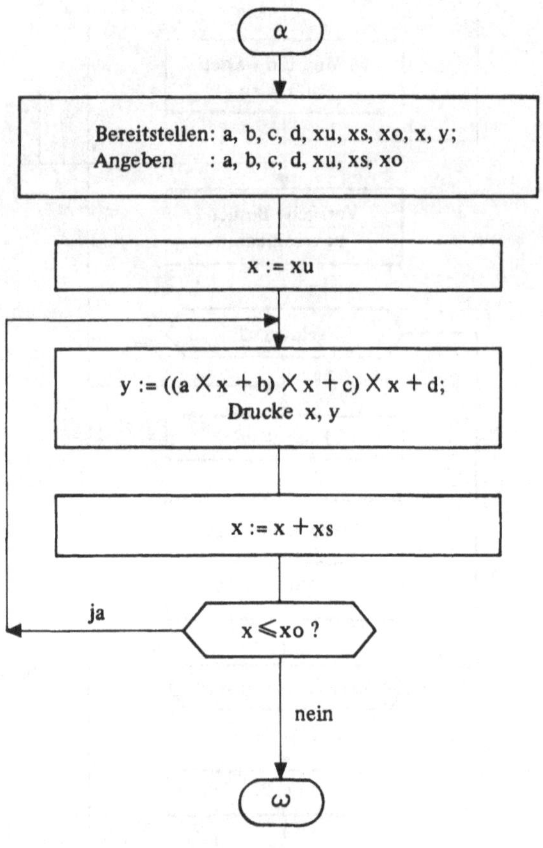

Bemerkung: Unter „Bereitstellen" werden alle benötigten Variablen aufgezählt. Unter „Angeben" zählen wir alle Variablen auf, die (durch Einlesen) Werte erhalten.

Programmablaufplan „Skalierung von Meßwerten"

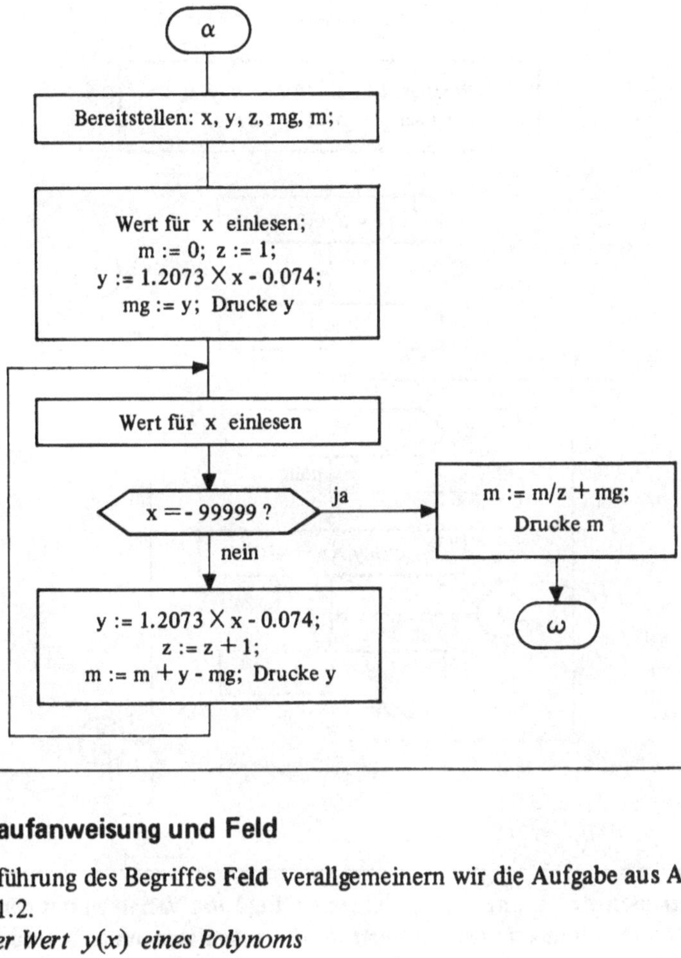

1.5. Laufanweisung und Feld

Zur Einführung des Begriffes **Feld** verallgemeinern wir die Aufgabe aus Abschnitt 1.2.

Es sei der Wert $y(x)$ eines Polynoms

$$y(x) = a_o x^n + a_1 x^{n-1} + \ldots + a_{n-1} x + a_n$$

an der Stelle x bei gegebenen Koeffizienten $a_0, \ldots, a_n$ zu bestimmen. Wir formen um:

$$y(x) = ((\,..\,(a_0 \times x + a_1) \times x + \ldots a_i) \times x + \ldots + a_{n-1}) \times x + a_n$$

Der Algorithmus zur Berechnung von y (das sogenannte Hornerschema) ist nun erkennbar: Der Wert y wird schrittweise, bei $a_0 \times x + a_1$ beginnend, errechnet, wobei ein Schritt aus der Multiplikation mit x und der Addition des nächsten Koeffizienten besteht. Der Leser verfolge dies anhand des Programmablaufplans in Abbildung 9.

Abb. 9. **Hornerschema**

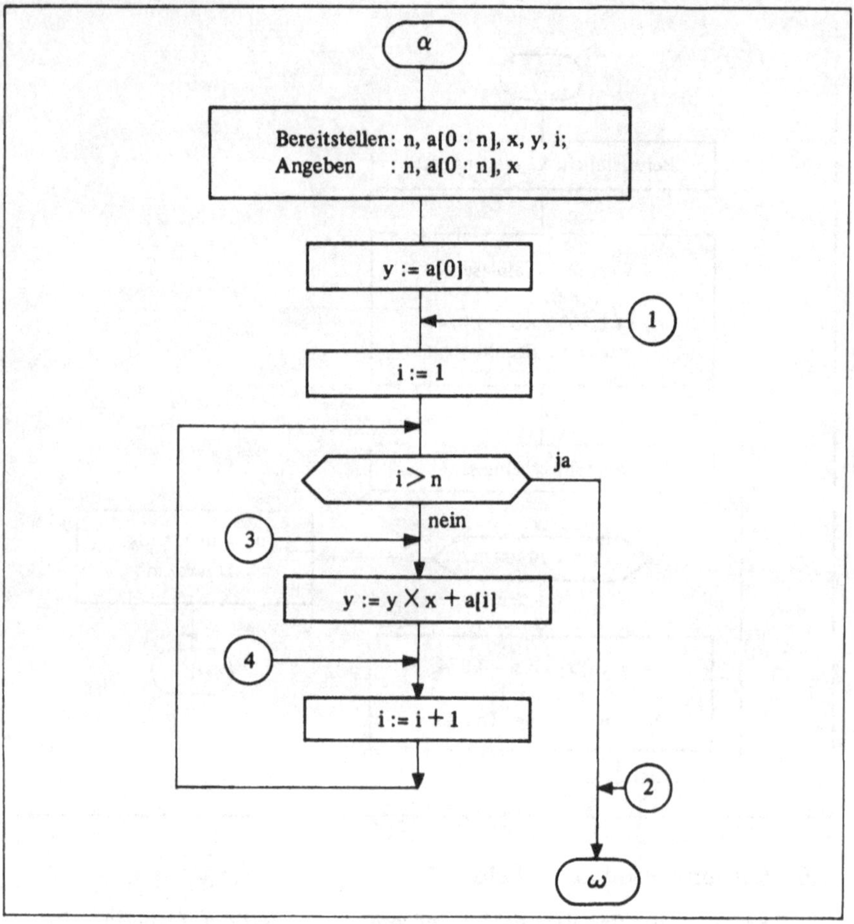

Die Variablen $a_o, \ldots, a_i, \ldots, a_n$ bilden ein Feld von Variablen mit dem Namen *a*; durch einen Index *i*, der die Werte *0*, . . ., *n* annehmen kann, wird eine einzelne **indizierte Variable** aus dem Feld angesprochen. Wir schreiben den Index nicht als Subskript, sondern hängen ihn, in eckige Klammern gesetzt, an, z. B. *a*[*i*], *a*[*1*]. Es ist hier *i* eine Variable.

Das Feld der Koeffizienten a_i ist ein Beispiel für ein eindimensionales Feld. Es gibt auch mehrdimensionale Felder; z. B. bildet die aus der Mathematik bekannte Matrix ein zweidimensionales Feld. Bei der Nennung eines Feldes werden die Indexgrenzen in anschaulicher Weise bezeichnet. In jeder Indexposition (Dimension) läuft der Index von einer unteren Grenze *ugr* bis zu einer oberen Grenze *ogr*. Die (stets positive) Kantenlänge des Feldes ist für diese Dimension dann *ogr - ugr + 1*.

Beispiele:

Feld $a[0:n]$
(Kantenlänge $n+1$)

$a[0]$
$a[1]$
$a[2]$
⋮
$a[n]$

Feld $aa[1:m,\ 1:n]$
(Kantenlängen m und n)

$aa[1,1]$	$aa[1,2]$	....	$aa[1,n]$
$aa[2,1]$	$aa[2,2]$	....	$aa[2,n]$
⋮	⋮		⋮
$aa[m,1]$	$aa[m,2]$	....	$aa[m,n]$

Feld $bb[-3:0,\ -2:+2]$ (Kantenlängen 4 und 5)

$bb[-3,-2]$	$bb[-3,-1]$	$bb[-3,0]$	$bb[-3,1]$	$bb[-3,2]$
$bb[-2,-2]$	$bb[-2,-1]$	$bb[-2,0]$	$bb[-2,1]$	$bb[-2,2]$
$bb[-1,-2]$	$bb[-1,-1]$	$bb[-1,0]$	$bb[-1,1]$	$bb[-1,2]$
$bb[0,-2]$	$bb[0,-1]$	$bb[0,0]$	$bb[0,1]$	$bb[0,2]$

Zur Erläuterung der **Laufanweisung** betrachten wir Abbildung 9. Die Anweisung

$$y := y \times x + a[i]$$

zwischen den Marken 3 und 4 wird in einer Schleife nacheinander mit den Werten $i = 1, 2, 3, \ldots, n$ ausgeführt. Alle Anweisungen und Verzweigungen zwischen den Marken 1 und 2 gliedern sich in den eigentlichen Inhalt der Schleife (die Anweisung $y := y \times x + a[i]$) und deren Steuerung (Setzen des ersten Wertes $i := 1$, Endabfrage $i > n$, Bestimmung des nächsten Index $i := i + 1$).

Die häufig vorkommende Struktur, daß eine Anweisung nacheinander mit verschiedenen Werten einer sogenannten **Laufvariablen** (in unserem Beispiel i) auszuführen ist, kann man durch die Laufanweisung kompakt beschreiben (vgl. Abb. 10). Im Programmablaufplan ist folgendes (nicht normierte) Symbol gebräuchlich:

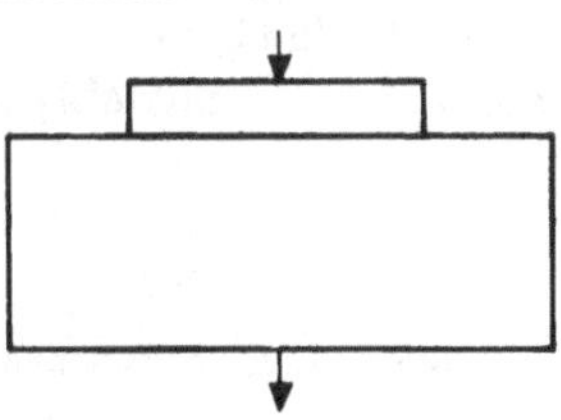

Laufanweisung, zusammengesetzt aus einer Anweisung und einer darüber gesetzten Laufvorschrift, nach der die Anweisung wiederholt zu durchlaufen ist.

Abb. 10. **Hornerschema mit Laufanweisung**

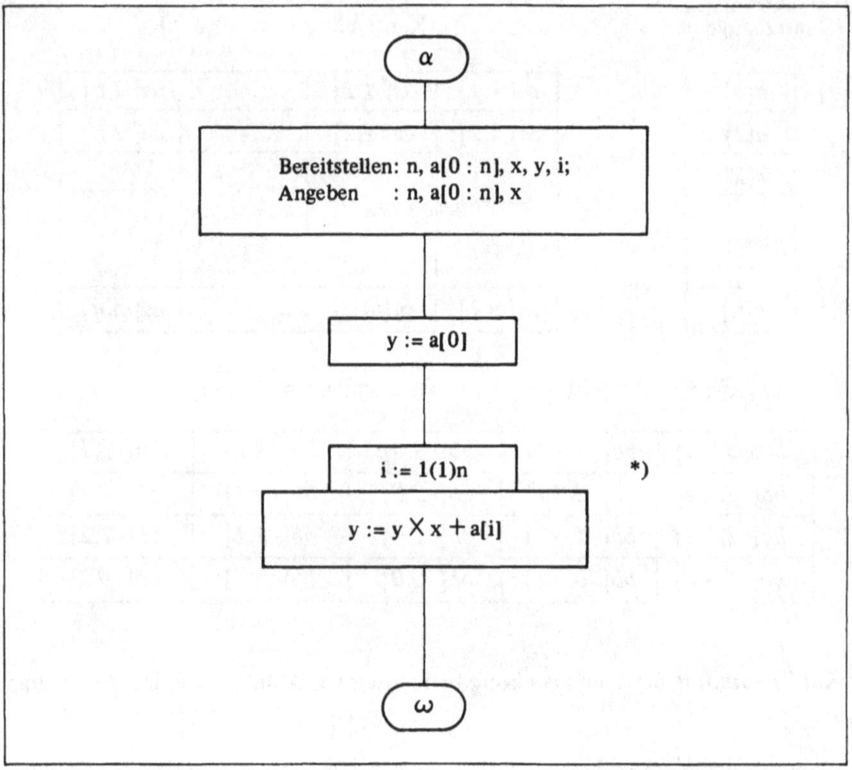

Beispiel:

Abbildung 11 zeigt einen Programmablaufplan zum Ordnen der Werte eines Feldes $a[1 : n]$ nach fallender Größe. Zunächst werden benachbarte Werte $a[i]$ und $a[i + 1]$ verglichen und vertauscht, falls sie nicht fallend geordnet sind. Dabei läuft i von 1 in Schritten von 1 bis j $(= n - 1)$, also zuletzt werden $a[n - 1]$ und $a[n]$ verglichen und eventuell vertauscht. Bei diesem Durchgang rückt der kleinste Wert auf den Platz $a[n]$. Im nächsten Durchgang ist das paarweise Vertauschen nur für die Werte von $a[1]$ bis $a[n - 1]$ durchzuführen $(j = n - 2)$ und so fort, bis im letzten Durchgang nur noch $a[1]$ mit $a[2]$ zu vergleichen ist $(j = 1)$.

*) Lies: i läuft von 1 in Schritten von 1 bis j, d. h. die Variable i nimmt nacheinander die Werte 1, 2, 3, . . . , n an.

Abb. 11. **Ordnen nach fallender Größe**

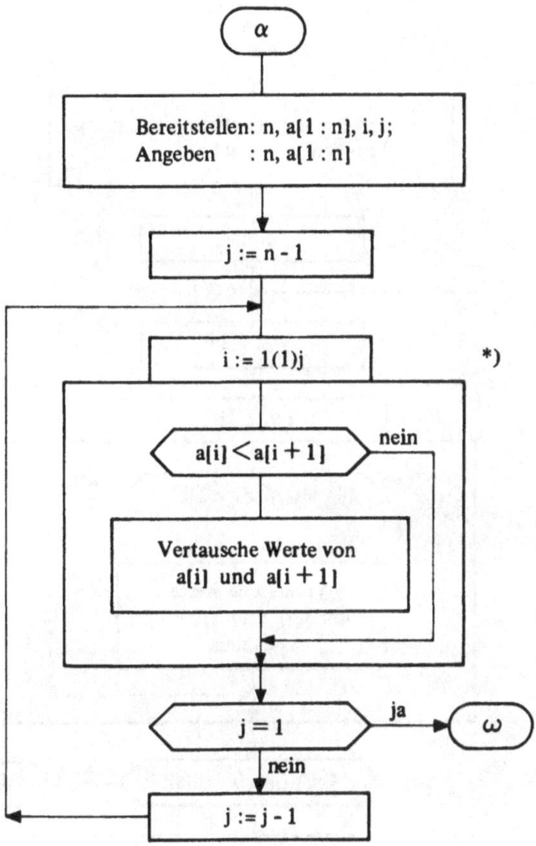

Zahlenbeispiel:

Gegeben	nach 1. Durchlauf	nach 2. Durchlauf	nach 4. Durchlauf
(n = 5)	i := 1(1)4	i := 1(1)3	i := 1(1)1
2	8	10	10
8	10	8	8
10	4	4	4
4	3	3	3
3	2	2	2

*) Lies: i läuft von 1 in Schritten von 1 bis j, d. h. die Variable i nimmt nacheinander die Werte 1, 2, 3, . . . , j an.

Abb. 12. **Ordnen nach fallender Größe, verkürzt**

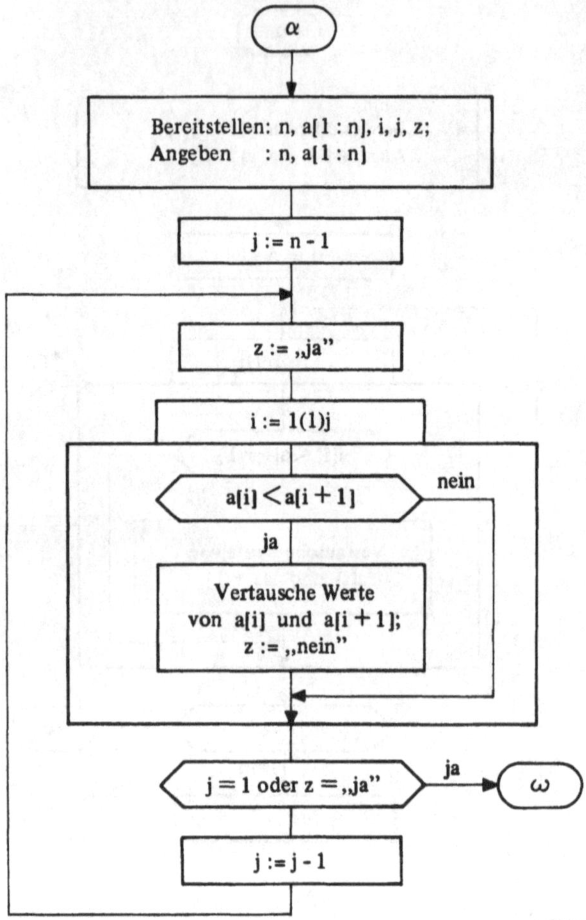

Zahlenbeispiel:

Gegeben (n = 5)	nach 1. Durchlauf i := 1(1)4	nach 2. Durchlauf i := 1(1)3
10	10	10
8	8	8
2	4	4
4	3	3
3	2	2
z = „ja"	z = „nein"	z = „ja", Ende

Beispiel:

Der Programmablaufplan in Abbildung 12 löst das Ordnen effektiver. Testet man etwa das Beispiel *10, 8, 2, 4, 3* ($n = 5$), dann merkt man beim zweiten Durchgang bereits, daß keine Vertauschung mehr nötig ist, d. h. daß die Werte bereits im vorherigen Durchgang geordnet wurden. Diese Information nütze man. Sie wird in einer Variablen z gespeichert, die zur Aufnahme eines Wahrheitswertes *„ja"* oder *„nein"* geeignet ist. Das Verfahren kann aufgrund des Wertes von z unter Umständen frühzeitig abbrechen. (Tatsächlich sind $n - 1$ Durchläufe zum Ordnen nur dann nötig, wenn die Elemente gerade in umgekehrter Ordnung, also nach steigender Größe geordnet, vorliegen.)

Beispiel:

Ablaufpläne kommen nicht nur bei Programmen für RA vor. Abbildung 13 zeigt ein Programm zur Lösung eines nichtnumerischen Problems durch einen geeigneten Automaten.

Zu lösen ist die Aufgabe, eine durch die Werte t, z, h, e ihrer Ziffern gegebene Zahl in Worten zu setzen, wozu vorgefertigte Zahlwörter aus zwei mit Wörtern gefüllten Feldern verwendet werden sollen.

Zu dem Programm kommt man durch Analyse der bekannten Zahlwörter, klare Formulierung und Prüfung des Programmentwurfs an Beispielen, die so gewählt werden, daß jeder Zweig des Programms wenigstens einmal durchlaufen wird.

Abb. 13. **Setzen von Zahlwörtern**

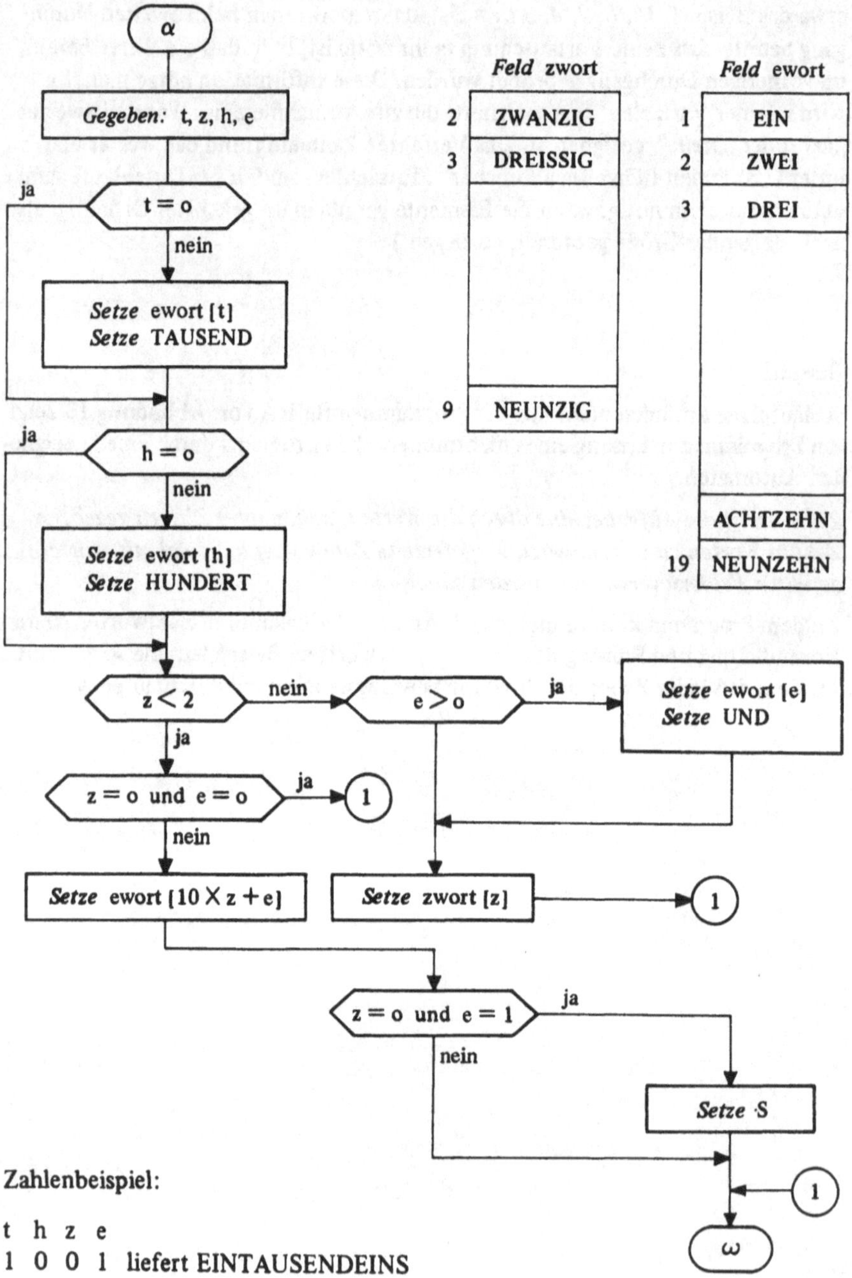

Zahlenbeispiel:

t h z e
1 0 0 1 liefert EINTAUSENDEINS

2. Einfache Elemente von Algol

Wir schreiben das Programm aus Abbildung 5 in Algol (Abb. 14) und versuchen, uns anhand dieses Beispiels über Algol zu orientieren. Wir müssen erfahren, welche Symbole zum Schreiben der Sprache verwendet werden, welche Wörter es gibt oder gebildet werden können, wie Ausdrücke und Sätze formuliert werden, und welche Form ein Programm hat. Alles dies ist festgelegt in dem

„Report on the Algorithmic Language Algol 60",

vgl. Anhang C.

Der Algol-Report (AR) legt, in Analogie zu einer natürlichen Sprache, die grammatikalischen Regeln für syntaktische Objekte fest (er definiert die **Syntax**), und er gibt die Bedeutungsinhalte dieser Objekte (er beschreibt die **Semantik**). Man kann in dem Report nachlesen, wie ein Programm syntaktisch (formal) richtig zu bilden ist. So finden wir dort unter Ziffer 4.1.1.

⟨*program*⟩ ::= ⟨*block*⟩|⟨*compound statement*⟩

und lesen dies: „Das (syntaktische Objekt) ⟨*program*⟩ wird gebildet entweder aus einem (syntaktischen Objekt) ⟨*block*⟩ oder aus einem (syntaktischen Objekt) ⟨*compound statement*⟩." Mit Hilfe des alphabetischen Index des AR finden wir unter ⟨*block*⟩ die Angabe „def 4.1.1.", d. h. unter Ziffer 4.1.1. ist ⟨*block*⟩ definiert. Ähnlich finden wir unter 4.1.1. die Definition von ⟨*compound statement*⟩, die ihrerseits ⟨*unlabelled compound*⟩ voraussetzt usw. Wir versuchen, die Definitionen in Form eines Diagramms aufzuzeichnen:

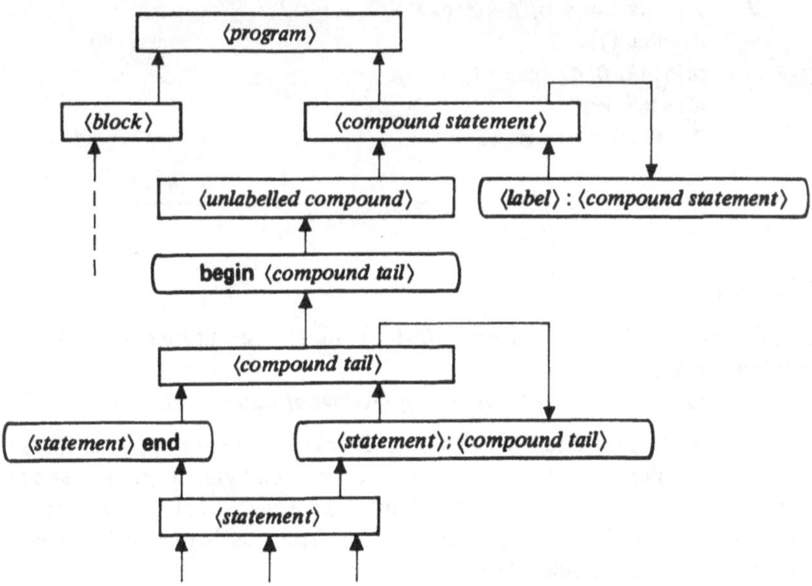

Wir kommen in Abschnitt 2.6. noch einmal auf dieses Diagramm zurück und halten hier nur fest, daß sich diese graphische Darstellung nach unten immer stärker verzweigt. Es sind uns soweit nur die Symbole **begin** und **end** aus dem Programmbeispiel begegnet. Verfolgten wir das Diagramm weiter, dann würde es schließlich bei einer Aufzählung der Symbole der Sprache Algol enden. Von den Symbolen aus aufsteigend könnten wir das Beispiel-Programm durch Anwendung der Definitionen der Syntax erzeugen.

Man sieht, daß der AR nicht einen leichten Zugang zu Algol liefert, ebensowenig wie der Gesetzestext der Strafprozeßordnung der Ausbildung von Strafverteidigern dient. Der AR legt die Regeln der Sprache in strenger Form u. a. für die Konstruktion von Algol-Übersetzern nieder und stellt für den Benutzer von Algol den „Urtext" dar, auf den er in Zweifelsfällen zurückgreift. Der gelegentliche Blick in den AR soll uns zeigen, wie eine Programmiersprache syntaktisch aufgebaut werden kann (vgl. das über dem Abschnitt 1 des Report stehende Motto von Wittgenstein), und uns daran erinnern, daß wir Programme ebenso vollständig und präzise formulieren müssen, wie die Sprache erklärt ist.

Abb. 14. **Algolprogramm, Tabellieren eines Polynoms**

```
begin real a, b, c, d, xu, xs, xo, x, y;
          a := read;  b := read;  c := read;  d:= read;
          xu := read;  xs := read;  xo := read;
          x := xu;
s2:       y := ((a × x + b) × x + c) × x + d;
          newline (1);
          print (x, 0, 4);  print (y, 0, 4);
          x := x + xs;
          if x ≤ xo then goto s2
end
```

2.1. Symbole

Die Symbole, die dem Aufbau von „Wörtern" und als Strukturelemente dienen, definiert der AR durch

⟨*basic symbol*⟩ ::= ⟨*letter*⟩ | ⟨*digit*⟩ | ⟨*logical value*⟩ | ⟨*delimiter*⟩

Verfolgen wir die genannten syntaktischen Objekte im AR weiter, dann finden wir alle in dem Beispiel aus Abbildung 14 verwendeten Symbole, und zwar sind die Buchstaben unter ⟨*letter*⟩ aufgeführt, die Zahlzeichen 0 | 1 | . . . | 9 unter ⟨*digit*⟩ und schließlich unter ⟨*delimiter*⟩ die Operationszeichen + | - | × | / usw. sowie die Klammersymbole (|) | **begin** | **end** .

Der AR nennt große und kleine Buchstaben. Mit Rücksicht darauf, daß auf den gebräuchlichen Datenträgern (5-Kanal-Lochstreifen und Lochkarten) üblicherweise nur ein Satz des Alphabets codiert werden kann, beschränken sich viele Compiler auf einen Satz, z. B. Kleinbuchstaben. Wir folgen in unserer Darstellung dieser Einschränkung.

Die als Begrenzer (⟨*delimiter*⟩) benötigten Symbole **begin** | **end** | **if** usw. sind Symbole im Sinne von Algol. Sie sind lediglich typographisch aus gebräuchlichen Druckbuchstaben zusammengesetzt, was der leichteren Lesbarkeit der Programme dient und die Einführung ungebräuchlicher Typen vermeidet.

Im übrigen ist jegliche Eingabe in einen RA in einer maschinengebundenen Form zu machen, die im AR nicht festgelegt wird und auch wegen der verschiedenen Fabrikate von RA nicht festgelegt werden kann. Vgl. hierzu Anhang D. Ein Manuskript eines Algolprogramms ist unter Beachtung der maschinengebundenen Form auf Lochkarten oder Lochstreifen darzustellen.

In unserem Beispiel kommen Zwischenräume und Übergänge zu einer neuen Zeile vor; beides sind Symbole (z. B. Anschläge der Schreibmaschine) im Sinne des Informationsträgers, nicht jedoch Algolsymbole. Sie werden von einem Algolübersetzer übergangen und dienen allein zur Gestaltung des Programmtextes. (Für einen vom Programm zu verarbeitenden Text (⟨*string*⟩) gibt es ein besonderes Symbol für den Zwischenraum, nämlich das Algolsymbol ␣. Vgl. dazu Abschnitt 3.6).

2.2. Zahlen und Variable

Nachdem die Symbole der Algolsprache bekannt sind, fragen wir jetzt nach den Wortbildungen. In dem Beispiel aus der Abbildung 14 erkennen wir Wörter wie z.B. a|b|read|newline, ferner Zahlen wie z.B. 4|1|10.

Zahlen (⟨*number*⟩) teilen wir aus praktischen Gründen nach ihrer äußeren Gestalt ein in Gleitpunktzahlen und ganze Zahlen. (Diese Erklärung weicht leicht von AR, 2.5, ab, was für den Programmierer jedoch keine Konsequenzen hat). Alle Zahlen können ein Vorzeichen haben, unwesentliche Teile (bedeutungslose Nullen, positives Vorzeichen) können weggelassen werden.

Gleitpunktzahlen gibt es in folgenden Formen:

/ Mit **Dezimalpunkt,**

z. B. + 0.530 | + 0.53 | + .53 | .53

Hinter dem Dezimalpunkt muß noch mindestens eine Ziffer folgen.

z. B. 1. ist falsch, 1.0 ist richtig.

/ Mit **Basiszehn.** (Potenzen von *10* können in der üblichen Weise in einem „Exponententeil" zusammengezogen werden. Algol kennt zur Kennzeichnung des Exponententeils die sogenannte Basiszehn $_{10}$, zu lesen als *„mal 10 hoch"* oder *„10 hoch"*.)

Der Exponententeil allein ist als Zahl zulässig,
z. B. $-{}_{10}3$ | $3_{10}+6$ | $3_{10}6$ | ${}_{10}-7$
/ Mit Dezimalpunkt und Basiszehn,
z. B. $.123_{10}+3$ | $1.23_{10}2$

Ganze Zahlen haben weder Dezimalpunkt noch Basiszehn,
z. B. 177 | - 177 | + 177 | + 67108863

Der Grund für die Einteilung in Gleitpunktzahlen und ganze Zahlen liegt darin, daß ganze Zahlen bis zu einer gewissen Größe (abhängig vom Fabrikat des RA) im RA intern anders dargestellt werden als Gleitpunktzahlen. Dementsprechend hat jede Variable einen Typ **real** oder **integer**, je nachdem ob sie zur Aufnahme von Werten vom Typ **real** (Gleitpunktzahlen) oder vom Typ **integer** (ganze Zahlen) bestimmt ist. Die arithmetischen Operationen sind für Operanden vom Typ **integer** einfacher als für die vom Typ **real.** Diese Fragen werden wir in 2.7. behandeln.

Bei den Wörtern a, b, read usw. handelt es sich um **Namen,** und zwar sind z. B. a, b vom Programmierer gebildete Namen von Variablen, newline z. B. ist der Name für eine dem Compiler bekannte „Prozedur" (beim Drucken auf die nächste Zeile überzugehen). Auch s2 ist ein Name, und zwar der Name eines „Sprungziels" (vergleichbar der Marke im Programmablaufplan).

Im AR heißen die Namen ⟨*identifier*⟩, also „Identifizierer", und dieses Wort gibt die Bedeutung der ⟨*identifier*⟩ besser wieder als das deutsche Wort „Name". Namen sollen die „Objekte" des Programms identifizieren, und es darf z. B. nicht ohne weiteres zwei Objekte gleichen Namens geben (z. B. darf es in dem Beispiel keine Variable newline neben der „Prozedur" newline geben).

Der AR erklärt

⟨*identifier*⟩ ::= ⟨*letter*⟩ | ⟨*identifier*⟩ ⟨*letter*⟩ | ⟨*identifier*⟩ ⟨*digit*⟩

Wir können dies auch so ausdrücken:

Ein Name wird aus Buchstaben und Ziffern gebildet; das erste Symbol muß jedoch ein Buchstabe sein.
z. B. v2a | r14b | x | newline

Wir haben hier das Beispiel einer **rekursiven Erklärung** vor uns: Es wird ein Objekt erklärt, und weitere Objekte werden unter Benutzung bereits erklärter Objekte erzeugt. In einem Diagramm kann man das wie folgt andeuten:

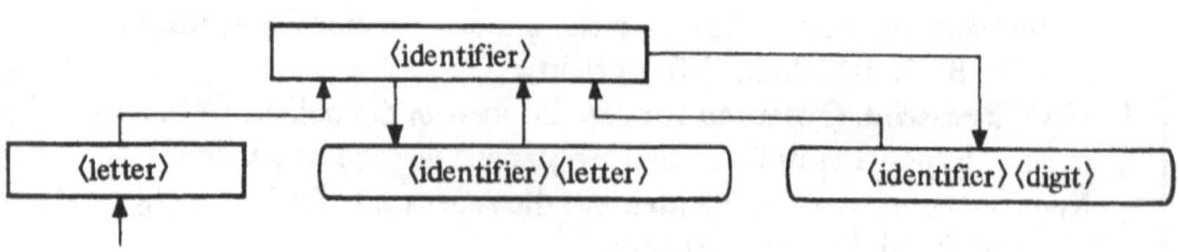

(Das syntaktische Objekt <*identifier*>, angedeutet durch rechteckiges Einrahmen, wird erklärt durch das Objekt <*letter*> oder kann durch Zusammensetzung, angedeutet durch runde Einrahmung, aus einem Objekt <*identifier*> mit <*letter*> oder <*digit*> erhalten werden.)

Variable <*variable*>

werden durch Namen bezeichnet. Variable sind entweder **einfache Variable**

z. B. xu | b1 | v2a

oder sie sind **indizierte Variable**, nämlich durch Indices ausgewählte Elemente eines Feldes von Variablen (für Felder vgl. Abschnitt 1.5)

z. B. mat [i,j] | u[b + 1] | x[4]

Indices können durch „Ausdrücke" angegeben werden (Indexausdrücke).

2.3. Funktionen

Man kann in Algol Ausdrücke bilden wie z.B.

a × ln(x + 1) + abs(y)

wobei die Funktionen ln (der natürliche Logarithmus) und abs (der Absolutbetrag) dem Algolübersetzer bekannt sind. Man kann aber auch selbst Funktionen erklären, indem man die Rechenvorschrift und die Argumente für diese Funktion im Programm angibt. Diese Möglichkeit werden wir erst in Kapitel 4 kennenlernen.

Ganz allgemein sei jetzt schon gesagt, daß man Rechenvorschriften als Prozeduren erklären (deklarieren) kann. Ruft man eine **Prozedur** auf, dann wird die Rechenvorschrift ausgeführt, die entweder eine Vorschrift schlechthin sein kann oder – etwas spezieller – einen Wert abzuliefern hat. Demnach unterscheidet man **Anweisungsprozeduren** (auch eigentliche Prozeduren genannt) und **Funktionsprozeduren.** Ist eine Prozedur nicht vom Benutzer selbst deklariert, sondern dem Compiler bereits bekannt, dann kann es sich um eine **Standardfunktion** handeln, festgelegt im AR, oder um eine Prozedur, die vom Konstrukteur des Algolübersetzers zum leichteren Gebrauch von Algol eingebaut wurde, und die wir **standardisierte Prozedur** nennen wollen, vgl. nachstehende Übersicht.

Eine Funktion (genauer der Aufruf einer Funktionsprozedur) besteht aus dem Namen der Prozedur und den in runden Klammern dahinter angegebenen (aktuellen) Parametern, z. B. abs(y) | z(x,y).

Übersicht über Prozeduren

- Prozedur
  - Anweisungsprozedur
    - vom Benutzer im Programm deklariert
    - standardisiert, z. B. print, newline (vgl. Anhang B)
  - Funktionsprozedur
    - vom Benutzer im Programm deklariert
    - standardisiert, z. B. even (vgl. Anhang B)
    - Standardfunktionen:

Ergebnis **real**	abs(E)	Absolutbetrag
	sqrt(E)	Quadratwurzel
	sin(E)	Sinus
	cos(E)	Cosinus
	arctan(E)	Arcustangens, Hauptwert $-\pi/2 < \text{arctan}(E) \leqslant +\pi/2$
	ln(E)	Natürlicher Logarithmus
	exp(E)	Exponentialfunktion ($e^x \leftrightarrow \text{exp}(x)$)
Ergebnis **integer**	sign(E)	mit den Werten -1 falls $E < 0$; 0 falls $E = 0$; $+1$ falls $E > 0$
	entier(E)	(Erklärung in 2.7.)

(E steht für einen arithmetischen Ausdruck)

In dieser Übersicht steht E für einen arithmetischen Ausdruck (siehe 2.4.), und das Argument der Funktion ist der Wert dieses Ausdrucks. Die Standardfunktionen abs bis exp liefern Werte vom Typ **real**, sign und entier liefern Werte vom Typ **integer**. (Diese Unterscheidung der Typen wird erst in 2.7. verständlich und ist zunächst nicht wichtig.)

Wenn wir mit Papier und Bleistift rechnen, dann schlagen wir Funktionswerte für den Sinus, den Logarithmus usw. in einer Tafel nach. Ein RA kennt in diesem Sinne keine Tafel, denn erstens wäre es zu teuer, eine Tafel zu speichern und zweitens müßte man in dieser Tafel interpolieren, was kein wesentlich geringerer

Aufwand ist als die Berechnung der Funktion. Die Werte der Standardfunktionen werden so genau berechnet, wie es die Zahlendarstellung im RA gestattet. Zur Berechnung eines Sinus z. B. braucht man ca. 6 Multiplikationen und ca. 6 Additionen bei einer Genauigkeit von 12 Stellen nach dem Komma, dazu noch einen etwa gleich hohen Aufwand an Operationen zur Organisation (insgesamt weniger als 0.001 sec Rechenzeit bei großen modernen RA). Wir müssen noch bemerken, daß die Argumente der Winkelfunktionen sin und cos im Bogenmaß, nicht in Graden anzugeben sind.

Die Namen der Standardfunktionen und der standardisierten Prozeduren sind verbraucht und können nicht anderweitig verwendet werden. In welchem Sinne diese Aussage zu verstehen ist, werden wir in Abschnitt 3.3. näher erläutern.

2.4. Einfache arithmetische Ausdrücke

Zur Erklärung einfacher arithmetischer Ausdrücke folgen wir nicht dem AR. Arithmetische Ausdrücke im Sinne von Algol haben gerade die Form, die wir gewöhnlich kennen.

Es gibt
die Operatoren : + | - | / | × | ÷ | ↑
die Operanden : Zahlen, Variable, in Klammern gesetzte Teilausdrücke, Funktionen
die Strukturelemente: (|)

Bilden wir mit diesen Elementen arithmetische Ausdrücke, wie wir es von der Schule her gewohnt sind, und beachten wir die Bindungsstärke der Operatoren, ferner die Tatsache, daß wir Operationszeichen nicht weglassen dürfen, und daß es zu jeder öffnenden Klammer eine entsprechende schließende geben muß, dann erhalten wir die syntaktischen Objekte ⟨*simple arithmetic expression*⟩ des AR.

Bindungsstärke (fallend) ↑ ×/÷ ±
(Vorrangigkeit der Operatoren)

Die Operatoren + | - | × (Multiplikation) | / (Division) bezeichnen die üblichen Grundrechenoperationen, der Operator ÷ bezeichnet eine spezielle Division (Näheres in 2.7.), der Operator ↑ die Exponentiation.

Eine Funktion (das ist der Aufruf einer Funktionsprozedur) ermittelt einen Wert, der als Operand in den Ausdruck eingeht. Funktionsname und Parameterteil sind stärker gebunden als jeder andere Operator bindet.

Speziell zur Erkennung von Bildungen, bei denen × und / nebeneinander vorkommen, schreibe man einen Bruchstrich und setze die hinter × stehenden Operanden als Faktoren in den Zähler, die hinter / stehenden als Faktoren in den Nenner.

Beispiele:

$\frac{a\,b}{c}$, besser $\frac{a\,.\,b}{c}$	a × b/c
$\frac{a}{c \cdot b}$	a/c/b oder a/(c × b)
$sin\, x^2$, eigentlich $sin(x^2)$	sin(x ↑ 2)
$sin^2 x$, eigentlich $(sin\, x)^2$	sin(x) ↑ 2
$a + b \cdot c$	a + b × c
$(-a + b) \cdot c$	(- a + b) × c

Ist man sich nicht im klaren über eine Bildung, dann setze man Klammern, z. B. (sin(x)) ↑ 2 oder sin(x) ↑ 2

Speziell für die Exponentiation ↑ gilt, daß der auf ↑ folgende Operand der Exponent ist.

a ↑ x ↑ y ist $(a^x)^y$, mathematisch gleichwertig mit $a^{x \cdot y}$; man lese: y ist Exponent zur Basis a ↑ x

a ↑ (x ↑ y) ist $a^{(x^y)}$ und man lese (x ↑ y) ist der Exponent zur Basis **a**.

phi ↑ cos(y)/2.0 ist $1/2\ \phi^{cos\, y}$

Sollten Schwierigkeiten mit der Anwendung der Vorrangigkeit von Operatoren beim Lesen von Algol geschriebenen Ausdrücken auftreten, dann kann man folgende Regeln anwenden, um sich Klarheit zu verschaffen:

a) Schließe den gesamten Ausdruck in ((((. . .)))) ein
b) Ersetze (durch ((((und) durch))))
c) Ersetze ± durch)))±(((
d) Ersetze ×/÷ durch))×/÷((
e) Ersetze ↑ durch)↑(
f) Entferne leere Klammerpaare () und überflüssig erscheinende Klammerungen

Beispiel: - phi ↑ cos(y)/a × b + c

```
(((( ))) - (((phi) ↑ (cos ((((y)))) ))/(( a )) × (( b ))) + ((( c ))))
(        - ((phi  ↑ (cos    (y)     ))/ ( a )  ×  ( b )) +      c )
         -  (phi  ↑ (cos    (y)      )/ ( a )  ×  ( b )) +      c
```

also $-\frac{phi^{cos\, y} \times b}{a} + c$

2.5. Einfache Anweisungen

Bei der Erklärung der Syntax von Algol anhand des Beispiels in Abbildung 14 haben wir inzwischen „Alphabet" und „Wortbildungen" kennengelernt. Wenn wir die Analogie mit einer natürlichen Sprache weiter verfolgen wollen, dann kommen wir jetzt zur Erklärung von „Sätzen" (z. B. „Fragesatz", „Befehlssatz" usw. gibt es in der Deutschen Sprache). In dem Beispiel sind die „Sätze" deutlich zu erkennen. Sie sind durch ein Semikolon voneinander getrennt und haben die Bedeutung von **Anweisungen** an den RA (⟨*statement*⟩).

Die **Ergibtanweisung** (⟨*assignment statement*⟩) besteht in der einfachen Form aus einer Variablen links vom Ergibtzeichen := und einem arithmetischen Ausdruck rechts von := . Die Wirkung ist die Berechnung des arithmetischen Ausdrucks und die Zuweisung des errechneten Wertes an die Variable,
z. B. y := ((a × x + b) × x + c) × x + d

Die **Prozeduranweisung** (⟨*procedure statement*⟩) besteht aus dem Aufruf einer Anweisungsprozedur,
z. B. print (x, 0, 4) (vgl. Anhang B)

Die **Sprunganweisung** (⟨*goto statement*⟩) hat im einfachsten Fall die Gestalt **goto** ⟨*label*⟩,
z. B. **goto** s2

Eine **Marke** (⟨*label*⟩) wird gebildet durch einen Namen, der vor einer Anweisung steht, getrennt von der Anweisung durch einen Doppelpunkt. Die Bedeutung einer Marke als Sprungziel ist offensichtlich. Eine Marke kann vor jeder Anweisung angebracht werden. (Nach dem AR können Marken auch durch ganze Zahlen gebildet werden; die meisten Compiler verbieten die Verwendung von Zahlen als Marken.)

Die Anweisung **if** x ≤ xo **then goto** s2 ist eine bedingte Anweisung (vgl. 2.8. und 3.5.), deren Kern die Anweisung **goto** s2 ist.

Das Semikolon ist ein **Begrenzer** (⟨*delimiter*⟩) und als Trennzeichen nicht Bestandteil einer Anweisung.

2.6. Verbundanweisung und Block; Programm

Man kann mehrere Anweisungen, die voneinander durch Semikolon getrennt sind, durch die Klammern **begin** . . . **end** zu einer neuen Anweisung, der **Verbundanweisung** (⟨*compound statement*⟩) verbinden. Die Symbole **begin** und **end** haben die Bedeutung von „Satzklammern",
z. B. **begin** x := a; y := b **end**
Die letzte Anweisung in einem Verbund ist von keiner weiteren mehr zu trennen;

daher steht vor **end** kein Semikolon. Wir werden später in 3.2. lernen, daß auch eine Verbundanweisung

```
begin x := a; y := b; end
```

syntaktisch richtig ist.

Der Leser mache sich die Mühe, im AR nachzulesen, wie durch eine rekursive Definition geschickt ausgedrückt wird, daß beliebig viele Anweisungen zu einer Verbundanweisung geklammert werden können (vgl. dazu auch das Diagramm auf S. 31).

Der **Block** unterscheidet sich äußerlich von einer Verbundanweisung dadurch, daß hinter dem eröffnenden **begin** Deklarationen aufgeführt sind.

Die Bedeutung eines Blocks ist es, für den Bereich zwischen dem eröffnenden **begin** und dem zugehörigen **end** – und das ist der Block – die in dem Block verwendeten Namen in ihrer Bedeutung zu erklären (deklarieren). Umgekehrt muß jeder Name, der in einem Block verwendet wird, erklärt werden, falls er nicht bereits außerhalb des Blocks erklärt ist. (Z. B. ist der Name sin der Standardfunktion Sinus als schon deklariert zu betrachten.) Außerhalb des Blocks haben die den Block einleitenden Deklarationen keine Gültigkeit.

Die Form eines Blocks ist allgemein

```
begin boolean name, name, . . .;
      integer name, . . .;
      real name, . . .;
      boolean array . . .;
      integer array . . .;
      real array . . .;
      switch . . .;
      procedure . . .;
      real procedure . . .;
      integer procedure . . .;
      boolean procedure . . .;
      statement;
      statement;
      . . . .
end
```

Die **Deklarationen** sind voneinander und von den darauffolgenden Anweisungen durch Semikolon getrennt.

Die Deklaration von einfachen Variablen ist eine bloße Aufzählung der Namen hinter dem entsprechenden Deklarationszeichen (z. B. **integer, real, boolean**). Die Deklaration **integer** u, v bedeutet z. B. die Vereinbarung, daß u und v in dem betreffenden Block die Namen von Variablen sind, welche ganzzahlige

Werte aufnehmen sollen. Sind in einem Block keine Variablen vom Typ **integer** zu erklären, dann entfällt eine Angabe.

Bei der **Deklaration von Feldern** sind die Dimensionen und die Grenzen der Indices in den einzelnen Dimensionen anzugeben.

z. B. **real array** ar[1 : 5], br[1 : 5], cr[0 : 10, - 10 : 10];

Das bedeutet: ar ist der Name eines eindimensionalen Feldes von **real**-Variablen (ar[1], ar[2], ar[3], ar[4], ar[5]), br ist . . . usw.

Haben Felder die gleiche Anzahl von Dimensionen und die gleichen Indexgrenzen, dann kann eine abkürzende Schreibweise angewandt werden,
z. B. ar, br[1 : 5]

Die Deklarationszeichen **real array** und **array** sind gleichwertig,
z. B. **real array** mat [0 : n, - n :+ n, 0 : n × n]
oder **array** mat [0 : n, - n :+ n, 0 : n × n]

Die Indexgrenzen dürfen als arithmetische Ausdrücke angegeben sein. Wenn der RA (dynamisch) die Bearbeitung eines Blockes beginnt, dann werden Speicherplätze für die Felder bereitgestellt. Das bedeutet aber, daß die Indexgrenzen sinnvoll ermittelbar sein müssen; nach unseren gegenwärtigen Kenntnissen ist dies sicher dann der Fall, wenn die Indexgrenzen durch Zahlen angegeben sind.

Es ist zu beachten

untere Grenze $\leqslant$ obere Grenze
(z. B. ar[0 : - 5] ist falsch).
Es gibt nur diejenigen Feldelemente, die deklariert sind.
(z. B. **array** ar[1 : 10];
ar[0] ist falsch, da dieses Feldelement nicht existiert. ar[i] existiert nur dann, wenn $1 \leqslant i \leqslant 10$)

Die Deklaration anderer Objekte, wie z. B. von Booleschen Variablen (**boolean**) und Prozeduren, wird später bei der Behandlung dieser Objekte klar werden.

Ein **Programm** (⟨*program*⟩) ist entweder ein Block oder eine Verbundanweisung. Das Beispiel aus Abbildung 14 ist nun, bis auf die bedingte Anweisung, vollständig erklärt.

Zwei einfache Beispiele für Programme sind

```
begin print (4711, 4, 0) end
```

und

```
begin real a;
      a := 3.14; print (a, 1, 2)
end
```

2.7. Besonderheiten der Arithmetik

2.7.1. Die Zahlendarstellung und ihre Konsequenzen

Wir wollen im Rahmen dieses Buches nicht sehr auf die Zahlendarstellung im RA und deren Konsequenzen eingehen. Es soll uns genügen zu erfahren, daß es Probleme der **Rundungsfehler**, der Genauigkeitsabschätzung usw. gibt.

So wie eine Tischrechenmaschine hat auch der RA eine feste, endliche Kapazität von Stellen zur Darstellung von Zahlenwerten. Der RA arbeitet intern mit einem „Zahlenwort" fester Länge, wenn man nicht besondere Maßnahmen zur Verkettung mehrerer „Zahlenwörter" zu einem längeren ergreift.

Für die Behandlung von Beispielen stellen wir uns ein Zahlenwort vor, das eine Kapazität von 6 Dezimalstellen sowie die Möglichkeit zur Vorzeichendarstellung hat. Durch 6 Dezimalstellen können wir **ganze Zahlen** g (Typ **integer**) im Bereich $-999999 \ldots +999999$ darstellen. Ein als **Gleitpunktzahl** x (Typ **real**) darzustellender Wert wird zerlegt in **Mantisse** xm und **Exponent** xe:

$$x = xm \times 10^{xe},$$

wobei die Darstellung durch die Normierungsvorschrift $0.1 \leqslant abs(xm) < 1$ eindeutig wird. Mit zusammen 6 Dezimalstellen für xm und xe umfaßt der Zahlenbereich alle x mit

$$0.1000 \times 10^{-99} \leqslant abs(x) \leqslant 0.9999 \times 10^{99}$$

z. B.								
+ 4048.0 oder + .4048₁₀4, **real**	+	4	0	4	8	+	0	4
- .00105 oder - .105₁₀-2, **real**	-	1	0	5	0	-	0	2

(Der Dezimalpunkt wird nicht dargestellt.)

+ 4048, **integer**	+	0	0	4	0	4	8

Typische Zahlenbereiche für RA sind zum Beispiel

$0 \leqslant abs(g) \leqslant 8000000$

$10^{-70} < abs(x) < 10^{+70}$ bei 11-stelliger Mantisse.

Während ein Wert vom Typ **integer** in dem durch die Stellenkapazität möglichen Bereich exakt dargestellt werden kann, ist eine Gleitpunktzahl i. a. mit einem Rundungsfehler behaftet, der durch die Beschneidung auf die endliche Stellenkapazität entsteht.

z. B.								
+	3	3	3	3	+	0	0	$1/3$ oder $0.33\ldots$ absoluter Rundungsfehler $+0.000033\ldots$
+	1	1	4	3	+	0	1	$8/7$ oder $1.14285\ldots$ absoluter Rundungsfehler $+0.00015\ldots$

Absoluten Fehler eines Wertes x nennt man den Wert

$$abs\,(x\ gerundet\ - x),$$

relativen Fehler den Wert

$$abs\,(x\ gerundet\ - x)/abs(x).$$

Letzterer Fehler kann bei der Kapazität von 4 Stellen für die Mantisse höchstens den halben Wert der letzten darstellbaren Stelle haben, also 0.5×10^{-4}.

Ein typischer Wert für den relativen Fehler bei der Darstellung von Gleitpunktzahlen in einem RA ist $\epsilon = 2^{-40} \approx 10^{-12}$; ein typischer Bereich für den Exponenten ist $2^{-(2^{10})}$ bis $2^{+(2^{10})}$, entsprechend etwa 10^{-76} bis 10^{+76}.

Ferner ist jedes Ergebnis einer Rechenoperation mit Gleitpunktzahlen mit einem Rundungsfehler behaftet, den die Ausführung der Operation einschleppt. Als Faustregel gelte

$$(a * b)_{errechnet} = (a * b)_{exakt} \times (1 + \epsilon),$$

wobei ϵ der relative Fehler der Zahlendarstellung ist und $*$ für $+ | - | \times | /$ steht.

Eine besonders typische Erscheinung ist die, daß bei Subtraktionen annähernd gleicher Werte bedeutungslose Stellen in das Ergebnis eingeschleppt werden.

z. B.	+	4	0	2	7	-	1	1
	-	4	0	2	0	-	1	1
ergibt	+	0	0	0	7	-	1	1
normiert	+	7	0	0	0	-	1	4

bedeutungslose Nullen

Zum Beispiel erhält man die Fläche eines Kreisringes, dessen Radien sich um eine kleine Größe eps unterscheiden, schlechter durch

((r + eps) ↑ 2 - r ↑ 2) × pi,

nämlich eventuell mit bedeutungslosen Nullen, als durch

(2 × r × eps + eps ↑ 2) × pi.

Die interne Ausführung einer Addition oder Subtraktion lehrt z. B. auch, daß ein kleiner Summand u. U. auf eine große Summe keinen Einfluß mehr hat. Eine Summation von positiven Gliedern sollte man mit dem kleinsten beginnen.

z. B. $0.5_{10}-4 \ + 0.6_{10}-4 \ + 0.9_{10}-3 \ + 0.1_{10}1$ ergibt.

$0.1001_{10}\ 1$, bei Summation, begonnen mit dem kleinsten Glied,

aber $0.1000_{10}\ 1$, bei Summation, begonnen mit dem größten Glied.

Bei Über- oder Unterschreitung der Zahlenbereiche sowohl für Werte vom Typ **integer** wie vom Typ **real** sind bei verschiedenen RA verschiedene Maßnahmen vorgesehen. Der Benutzer wird Auskunft darüber im Handbuch zur Benutzung des jeweiligen RA finden. Zum Beispiel gibt es Unterschiede bei Unterschreitung des Bereiches für **real**-Werte insofern, als bei einer Anlage das Ergebnis als „exakte Null", bei einer anderen als kleinste darstellbare Gleitpunktzahl gegeben wird.

z. B.	+	0	0	0	0	+	0	0	exakte Null
oder	+	1	0	0	0	-	9	9	kleinste darstellbare Gleitpunktzahl

Werden Gleitpunktzahlen auf Gleichheit abgefragt, dann sind die Rundungsfehler zu beachten.
Statt der Relation x = y
setze man besser die Relation abs (x - y) < eps
wobei eps einen sehr kleinen Wert hat.
Es ist nicht $1 = (1/3) \times 3$, aber es ist $abs\,(1 - (1/3) \times 3) \leqslant 10^{-3}$.

1/3	+	3	3	3	3	+	o	o
3 × (1/3)	+	9	9	9	9	+	o	o
1	+	1	o	o	o	+	o	1

Fehlerfortpflanzung. Gleitpunktzahlen sind also mit Fehlern behaftet, die sich bei arithmetischen Verknüpfungen fortpflanzen. Es gilt

$$fehler(x + y) \leqslant fehler(x) + fehler(y)$$
$$fehler(x \times y) \leqslant |x| \times fehler(y) + |y| \times fehler(x) \quad \text{usw.},$$

wobei *fehler* der absolute Fehler ist.
Mit der Fehlerfortpflanzung, der Fehlerabschätzung von Rechenergebnissen und mit Rechenverfahren, in denen sich Fehler möglichst gedämpft fortpflanzen, befaßt sich u. a. die Numerische Mathematik.

Wir schließen diesen Abschnitt mit dem ausdrücklichen Hinweis, daß wir die numerischen Probleme des Rechnens mit Gleitpunktzahlen nur angedeutet haben, und daß der Benutzer tunlichst den Rat von Fachleuten einholen sollte, wenn er bei der Beurteilung seiner Rechenergebnisse den Verdacht auf gefährliche numerische Situationen hat.

2.7.2. Die Verknüpfung von Operanden bei verschiedenem Typ

Nachdem wir im letzten Abschnitt die Darstellung von Werten der beiden Typen **integer** und **real** kennengelernt haben, müssen wir nun die Verknüpfung dieser Werte behandeln.

Zur Bildung von arithmetischen Ausdrücken sind Operanden beider Typen zugelassen, und die Art der Operanden bestimmt den Typ des Ergebnisses.

Die Funktion entier (*E*) vermittelt einen Übergang auf den Typ **integer**. Das Ergebnis von entier (*E*) ist die größte ganze Zahl, die kleiner oder gleich dem Wert von *E* ist.

z. B. entier (3.7) liefert *3*
entier (- 3.7) liefert *- 4.*

(Übrigens ist der Typ des Ergebnisses einer Funktionsprozedur durch die Prozedur festgelegt.)

Der Typ des Ergebnisses bei den Operationen + | - | × | / | ÷ wird durch folgende Tabelle beschrieben:

Operanden	*Ergebnis bei* ± × / ÷	r für **real** i für **integer**
r r	r r r undefiniert	
r i	r r r undefiniert	
i i	i i r *	

* Das Ergebnis ist vom Typ **integer**, und zwar liefert a ÷ b den Wert sign(a/b) × entier (abs (a/b))

Die Tabelle besagt, daß die Operation ÷ für **integer**-Operanden vorbehalten ist (eine andere Verwendung wird vom RA i. a. als Fehler gemeldet), und daß im übrigen **real** „der stärkere Typ" ist, d. h. daß eine Operation das Ergebnis **real** liefert, wenn wenigstens ein Operand vom Typ **real** ist.

z. B. 5 ÷ 3 liefert *1*
5/3 liefert *1.66. . .*
8 ÷ (- 3) liefert *- 2*

Eine Operation x + a (**real** x; **integer** a) erfordert eine Umwandlung des Wertes von a vom Typ **integer** in den Typ **real**; anschließend kann addiert werden. Viele Compiler behandeln die Konstanten (Zahlen, ⟨*number*⟩) im Programm als vom Typ **integer**, wenn sie weder Dezimalpunkt noch Basiszehn haben und den Zahlenbereich für ganze Zahlen nicht überschreiten; alle anderen Zahlen werden dann als **real** behandelt. Dieser Praxis der Übersetzer sollte man entgegenkommen, indem man x + 1.0 statt x + 1 schreibt, wenn x vom Typ **real** ist. Man vermeidet so evtl. eine Umwandlung von 1 (**integer**) in 1.0 (**real**).

Bei der Wertzuweisung in einer Ergibtanweisung $V := E$ findet automatisch eine Typumwandlung statt, wenn die Variable V links von := von einem anderen Typ als der Ausdruck E ist:
Falls V vom Typ **real**, E vom Typ **integer** ist, dann wird eine (problemlose) Umwandlung auf **real** gemacht. Falls V vom Typ **integer**, E vom Typ **real** ist, dann wird der Wert von E auf eine ganze Zahl gerundet, wobei die Rundung durch entier (E + 0.5) beschrieben ist. (Ist der Wert von E dabei nicht mehr als ganze Zahl darstellbar, dann zeigt der RA Bereichsüberschreitung an.)

Rundung findet ferner automatisch statt, wenn bei der Berechnung von Feldgrenzen oder Indices Werte vom Typ **real** entstehen.
z. B. durch a := 1.7 erhält die **integer**-Variable a den Wert *2*.
z. B. mit x[0.1] wird das Feldelement *x[0]* angesprochen.

An dieser Stelle können wir die **Ergibtanweisung**, die wir zunächst in ihrer einfachsten Form kennengelernt haben, vollständiger beschreiben. Es ist nämlich eine Wertzuweisung an mehrere Variable möglich,
z. B. k1 := k2 := k3 := a + b
Man beachte jedoch:

Bei Wertzuweisung an mehrere Variable müssen diese vom gleichen Typ sein. Stehen indizierte Variable links von :=, dann werden zunächst ihre Indexausdrücke ausgewertet, dann der Ausdruck rechts von :=, und dann erfolgen die Wertzuweisungen (vgl. 4.2.3 des AR).
Z. B. durch i := 1; a[i] := i := 2; erhalten a[1] und i den Wert *2*.

Für die **Exponentiation** gilt folgende Tabelle:

	Exponent	Basis	Beschreibung des Ergebnisses
a ↑ i,	$i > 0$		$a \times a \times \ldots \times a$, *Typ wie* a
Exponent vom	$i = 0$	$a \neq 0$	*1, Typ wie* a
Typ **integer**		$a = 0$	*undefiniert*
	$i < 0$	$a \neq 0$	$1/(a \times a \times \ldots \times a)$, *Typ* **real**
		$a = 0$	*undefiniert*
		$a > 0$	$exp(r \times ln(a))$, *Typ* **real**
a ↑ r,	$r > 0$	$a = 0$	*0, Typ* **real**
Exponent vom	$r \leqslant 0$	$a = 0$	*undefiniert*
Typ **real**		$a < 0$	*undefiniert*

2.8. Einfache bedingte Anweisungen

Die einfachste Form einer bedingten Anweisung (⟨*conditional statement*⟩) ist das ⟨*if statement*⟩ in der Form
⟨*if statement*⟩ ::= **if** ⟨*Boolean expression*⟩ **then** ⟨*unconditional statement*⟩
Die Bedeutung der einfachen bedingten Anweisung ist:
„Wenn der Wert des Booleschen Ausdrucks wahr ist, dann führe die unbedingte Anweisung aus, andernfalls nicht."

Beispiele gibt Abbildung 15. Alle Anweisungen, die wir bisher kennengelernt haben, sind unbedingte Anweisungen.

Abb. 15. **Einfache bedingte Anweisungen**

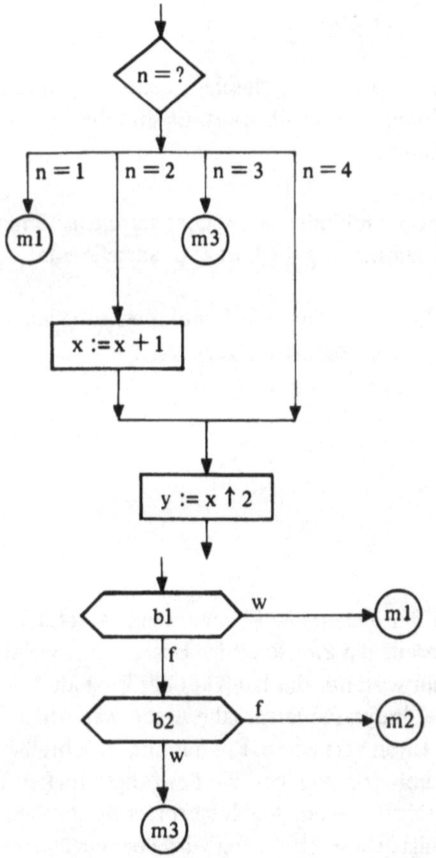


```
if n = 1 then goto m1;
if n = 3 then goto m3;
if n = 2 then x := x + 1;
y := x ↑ 2;
```

```
if b1 then goto m1;
if b2 then goto m3;
goto m2;
```

(w steht für wahr, f für falsch)

Wir haben nun **Boolesche Ausdrücke** (⟨*Boolean expression*⟩) zu erklären. Analog arithmetischen Ausdrücken sind Boolesche Ausdrücke solche, die durch Verknüpfung Boolescher Operanden durch logische Operationen entstehen. (George Boole, 1815–1869, Begründer der mathematischen Logik.)

Die logischen Verknüpfungen werden in 3.4. besprochen. Die einfachsten Booleschen Ausdrücke sind die Booleschen Operanden selbst:

Relationen: Eine Relation ist aufzufassen als eine Funktion, die zwei einfache arithmetische Ausdrücke vergleicht und einen Wahrheitswert „wahr" oder „falsch" liefert,

z. B. $a < b \quad | \quad a + b \geqslant 0$

Operatoren zur Bildung von Relationen sind

$$< \; \leqslant \; = \; \neq \; \geqslant \; >$$

Boolesche Variable (auch Aussagenvariable): Indizierte oder nicht indizierte Variable, die als **boolean** deklariert sind und die Werte „wahr" oder „falsch" annehmen können (z. B. die Variable z in Abb. 12).

Wahrheitswerte: Sie stellen den Wertebereich für Boolesche Ausdrücke dar (entsprechend den Zahlenwerten für arithmetische Ausdrücke). Es sind die „Konstanten" **true** bzw. **false** (wahr bzw. falsch).

Die Operatoren zur Bildung von Relationen binden schwächer als alle arithmetischen Operatoren, so daß z. B. eine Klammerung (a + b) ⩾ 0 anstelle von a + b ⩾ 0 überflüssig ist.
In analoger Form wie für arithmetische Werte dient die Ergibtanweisung auch der Wertzuweisung von Wahrheitswerten an Boolesche Variable,
z. B. bo := **true** | av := n = g × t

2.9. Beispiele und Aufgaben

Wir schließen dieses Kapitel mit zwei Beispielen. Die Elemente von Algol, die wir bisher kennengelernt haben, lassen bereits die zweckmäßige Bearbeitung vieler Aufgaben zu. In den weiteren Kapiteln wird nur das Konzept der Prozedur (Kap. 4), ein starkes „Instrument" der Programmiersprache Algol, wesentlich Neues bringen. Der Leser sollte jetzt schon versuchen, Programme zu schreiben und mit einem RA durchzuführen, damit er zum einen die Leistungsfähigkeit des RA kennenlernt und zum anderen erfährt, daß ein Algolübersetzer Syntaxfehler in einem Programm erkennt und anzeigt. Diese Erfahrung wird überaus lehrreich sein. Eine erste syntaktische Prüfung eines Programms und ein erster Test sollten aber stets am Schreibtisch stattfinden.

Beispiel 1 (Abb. 16)

Das Programm soll eine ganze Zahl n einlesen und prüfen, ob sie Primzahl ist oder nicht. Anschließend soll die nächste Zahl eingelesen werden, geprüft werden und so fort bis eine Zahl $n \leqslant 1$ das Ende des Programms signalisiert.

Zum Verfahren: Die Zahl n ist prim, wenn keine der Zahlen $t = 2, 3, 5, 7, 9 \ldots$ (bis zur Quadratwurzel von n) Teiler von n ist.
Zum Testen des Programms sind Zahlen vorzulegen derart, daß jeder Zweig des Programms erfaßt wird,
z. B. $n = 7, 21, 57, 59, 0,$ insbesondere die „Grenzfälle" $n = 2, 3$.

Abb. 16. **Prüfen auf Primzahl**

```
begin integer n, sq, t;
   l2: n := read; newline(1); print (n, 8, 0);
       if n ≤ 1 then goto stop;
       if n ≤ 3 then goto l3;
   l6: if n = 2 × (n ÷ 2) then goto l4;
       t := 3;
   l1: sq := sqrt (n);
   l5: if t > sq then goto l3;
       if n = t × (n ÷ t) then goto l4;
       t := t + 2; goto l5;
   l3: writetext ('(' prim ')');  goto l2;
   l4: writetext ('('  nicht prim ')'); goto l2;
 stop: writetext ('(' ende des programms ')')
end
```

Beispiel 2 (Abb. 17)

Eine Tabelle der Funktionswerte von Sinus, Cosinus und Tangens ist für die Argumente 0°, 2°, . . ., 88°, 90° *zu drucken.*

Wir müssen darauf achten, die Argumente im Bogenmaß zu nehmen. Ohne auf mathematische Fragen Rücksicht zu nehmen, z. B. darauf, daß die Tabelle durch Ausnutzen der Funktionalgleichungen zwischen Sinus, Cosinus und Tangens verkürzt werden könnte, gelangen wir zunächst zu Fassung 1. Die Zeilen, auf denen die Marken w1 und w2 stehen, könnten zusammen auch lauten

```
print (sin(x),0,9); print (cos(x),0,9); print (sin(x)/cos(x),0,9).
```

Dann aber müßte jeder Sinus- und Cosinuswert zweimal berechnet werden.

Die Durchführung mit dem RA kann uns Überraschungen in zweierlei Hinsicht bringen. Es kann sein, daß uns der RA auf eine Division durch Null aufmerksam macht (Argument 90°, Berechnung des Tangens), und es kann sein, daß die letzte Zeile unserer Tabelle fehlt. Der erste Fehler ist leicht zu beheben, indem wir nur bis $x = 1.553$ (entsprechend etwa 89°) systematisch tabellieren und den letzten Schritt für $x = 1.57...$ ($\pi/2$) anhängen. Damit hätten wir auch den zweiten Fehler behoben. Der zweite Fehler ist nämlich auf die Rundungsfehler zurückzuführen: Da wir jedes neue Argument aus dem vorherigen durch Addition von step gewinnen, könnte schließlich als letztes Argument z. B. $x = 1{,}57079638$ erreicht werden, wobei die Abfrage x ≤ 1,57079633 *„falsch"* ergibt, und für dieses x nichts mehr errechnet wird. Allgemein haben wir bei n Additionsschritten einen Fehlerfaktor von maximal $(1 + \epsilon)^n \approx 1 + n \cdot \epsilon$, also einen relativen Fehler von maximal $n \times \epsilon$. Würden wir durch die Abfrage x < 1.572 (entsprechend etwa 91°) auf diesen Fehler Rücksicht nehmen, dann erhielten wir sicher auch die letzte Zeile der Tabelle.

Besser aber führen wir die Schritte des Arguments in (ganzzahligen) Graden aus, wobei wir den Rundungsfehler auf die (einmalige) Umrechnung vom Gradmaß ins Bogenmaß beschränken und außerdem noch das Argument in Graden tabellieren können (Fassung 2).

Abb. 17. **Tabellierung von Winkelfunktionen**

Fassung 1 (falsch)

```
begin real x, s, c, step;
      step := 3.14159265/180.0 × 2.0;
      x := 0.0;
  w:  newline(1); print (x, 1, 4);
 w1:  s := sin(x); c := cos(x);
 w2:  print (s, 0, 9); print (c, 0, 9); print (s/c, 0, 9);
      if x < 1.57079633 then begin x := x + step; goto w end
end
```

Fassung 2

```
begin real x, s, c, fact; integer grad;
      grad := 0; fact := 3.14159265/180.0;
  w:  newline(1); print (grad, 2, 0);
      x := grad × fact; print (x, 1, 4); s := sin (x); c := cos (x);
 w1:  print (s, 0, 9); print (c, 0, 9); print (s/c, 0, 9);
      if grad < 88 then begin grad := grad + 2; goto w end;
      newline(1); print (90, 2, 0);
      print (90 × fact, 1, 4); print (1.0, 1, 9);
      print (0.0, 1, 9);
      comment kein Wert fuer tangens (90 grad);
end
```

Aufgaben: Die in Klammern angegebene Zahl ist die Nummer des Abschnitts, nach dessen Lektüre die Aufgabe bearbeitet werden kann.

1. *(2.4) Man korrigiere Fehler in folgenden arithmetischen Ausdrücken*

a) $\frac{1042g + 10^5}{4568g + 10^5}$ (1042g + $_{10}$5)/(4568g + $_{10}$5)

b) $\frac{a \cdot b}{c + 2}$ a · b/(c + 2.0)

c) $\left(\frac{y}{x}\right)^{n-1}$ (y/x) ↑ n - 1

d) $phi + 10^n$ phi + $_{10}$n

e) $16{,}9 + 3e^{-0.5}$ 16.9 + 3exp(- 0.5)

f) $2{,}3\alpha/\beta$ 2,3 × alpha/beta

g) $y \times 10^{3/2}$ y$_{10}$1,5

2. *(2.4) Man entferne entbehrliche Klammern*

(a × b)/c
a/(b × c)
(a + x) × (b/y)
(a + b ↑ (i + 2) × (b/c))
(a × (b/(c × (d/(e + f)))))
((a + b) + c × (d) ↑ 2)/(((a + 7.9) ↑ (i - 1) + b/(c + d)))

Bemerkung: Bei der Lösung dieser Aufgabe lasse man die Tatsache unberücksichtigt, daß assoziative Gesetze für Operationen mit Gleitpunktzahlen nicht gelten, d. h. es gilt nicht

$$(a + b) + c = a + (b + c) \text{ und } a \times (b \times c) = (a \times b) \times c.$$

(Siehe Abschnitt 2.7.1 Z.B. der Wert einer Summe ist abhängig von der Reihenfolge der Summationen).

3. *(2.4) Man ersetze folgende Ausdrücke durch Zahlen*

2.3 × $_{10}$4	5 × 10 ↑ 2
3 × 4/$_{10}$2/2	2 ↑ 3 ↑ 2
sqrt($_{10}$- 4)	ln(exp (- 0.1))
exp (ln (1))	$_{10}$2 × abs(- 0.0005)
sign(abs(a) + b ↑ 2 + 1)	sign(b - a) + sign(a - b)

4. (2.5) *In einer oder mehreren Ergibtanweisungen ist zu formulieren (evtl. Hilfsgröße einführen):*

a) $z = x^{2x} + \frac{y}{ax + b}$

b) $z = -\sqrt{|ln\,(a^2)|} + \sqrt[3]{a^2}$

c) $z = 1 + x + \frac{x^2}{2!} + \frac{x^3}{3!}$ $\qquad (n! = 1 \times 2 \times 3 \times \ldots \times n)$

d) $z = \frac{1}{2r^2} \cdot \frac{p^2}{mc^2}$

e) $z = 1 + \frac{s^2 (1 - \cos a)^2}{1 + s (1 - \cos a)}$

f) $z = \frac{1}{m \cdot \sqrt{ab}} \arctan (e^{mx})$

g) $z = x^{-2} + y^{-2}$

5. (2.5) *Man finde Syntaxfehler in folgenden Anweisungen:*

a) **goto** 1 b
b) z := x ↑ - 2 + y
c) r + 1 := s × (s + 4.0) - t
d) print (a + b),4,3)
e) z := a_{10}- 2 + b1 ↑ 3
f) z := x + read
g) b := arcsin (1.0 - a/2.0)

6. (2.6) *Ist* **begin** a := a **end** *ein richtiges Programm?*

7. (2.6) *Man finde 4 Verstöße gegen die Syntax in folgenden Deklarationen:*

```
begin integer e, f, g, boolean b;
      array x, y[0 : 10]; a, b[- 5 : + 5, 0 : 5], c[5 : 1];
      integer h;
      real r, s, t;
```

8. (2.6) *In einem Block seien deklariert*

```
begin real array p,g[0 : 10, 0 : 20, 1 : 2];
      integer array a[1 : n], b[1 : n, 1 : n]; integer i;
```

Welche Bildungen sind unmöglich?

p [0, 0, 0] | g [1, 1, 1] | b [i : i]
p [a[1], a[2] + 1, a[2] - 1] | g [10, 10]
b [2, 3 × (i + 1) | a(1) | a[0]

9. (2.7) *Es seien deklariert* **real** x, y; **integer** a, b; **integer array** v[1 : 2];
und es gelte folgende Belegung

Variable	*Wert*
x	*1*
y	*2*
a	*1*
b	*2*

v[1]	3
v[2]	7

Man bestimme Wert und Typ folgender Ausdrücke:

a) v [1.8] + v [1.3]
b) v [2] ÷ (- v [1])
c) x ↑ b
d) x ↑ y
e) b ↑ b
f) b ↑ y
g) b ↑ b + x
h) sign (x/y)
i) sign (x ÷ b)
j) b ↑ (- a) + a
k) (x - 1) ↑ v[2]
l) (y - 4) ↑ (- 2)
m) (y - 4) ↑ x
n) abs (b ÷ a)

10. (2.7) *Es seien deklariert* **real** x; **integer** a;

a) *Warum ist folgende Anweisung falsch?*

x := a := 1

b) *Welchen Wert erhält a?*

a := sqrt(7)

c) *Was ist zu folgender Anweisung zu bemerken*

a := $_{10}$ + 20

d) *Wie wirken die Anweisungen*

a := x *und* a := entier (x)

11. (2.8) *Deklariert seien* **integer** n, m, ai, i; **integer array** a[1 : n]; *Das Feld a sei mit Werten gefüllt. Man beschreibe, welchen Wert die Variable m nach Ablauf folgender Anweisungen erhält.*

```
     m := 0; i := 1;
lab: ai := abs (a[i]);
     if ai > m then m := ai;
     i := i + 1; if i ≤ n then goto lab;
```

12. (2.8) *Die Funktion* $y(x) = x^2 - ln(x + 1)/2$ *hat zwischen den Werten* $xl = 0.3$ *und* $xr = 0.5$ *eine Nullstelle. Es ist* $y(0.3) < 0$ *und* $y(0.5) > 0$. *Man schreibe ein Programm, welches die Nullstelle durch Einschachtelung genauer bestimmt: Man prüft den Funktionswert in der Mitte x des Intervalls (xl, xr). Ist y(x) positiv, dann ist weiter das Intervall (xl, x) zu betrachten, andernfalls das Intervall (xr, x). Das die Nullstelle enthaltende Intervall soll auf diese Weise durch Halbierung solange verkleinert werden, bis die Intervallänge kleiner als eine Zahl* ϵ *geworden ist.* ϵ *ist einzulesen. Auszugeben sind die Intervallgrenzen sowie die Funktionswerte an diesen Stellen.*

3. Weiterer Ausbau von Algol

Dieses Kapitel bringt weitere Ausdrucksmöglichkeiten von Algol, die jedoch durch die Elemente, die wir in Kapitel 2 dargestellt haben, umschrieben werden können.

3.1. Die Laufanweisung

Als Strukturelement des Programmablaufplans haben wir die Laufanweisung bereits kennengelernt: Eine Anweisung ist wiederholt auszuführen, wobei eine **Laufvariable** nacheinander eine Liste von Werten zu durchlaufen hat.

Beispiel: *Die Summe s der Feldelemente a[1], . . ., a[10] ist zu bilden.*

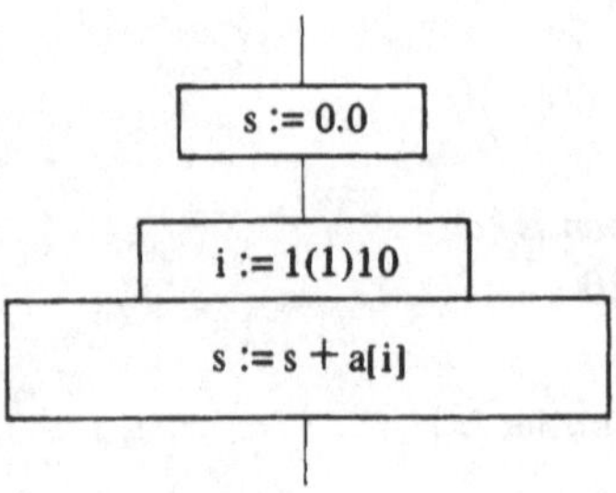


```
s := 0.0;

for i := 1,2,3,4,5,6,7,8,9,10 do
s := s + a[i];
```

Die **Laufanweisung** (⟨*for statement*⟩) ist wie folgt erklärt:

⟨*for statement*⟩ ::= **for** ⟨*variable*⟩ := ⟨*for list*⟩ **do** ⟨*statement*⟩|
⟨*label*⟩ : ⟨*for statement*⟩

Die **Laufvorschrift for . . . do** nennt die Laufvariable und eine **Laufliste** (⟨*for list*⟩), welche durch Komma voneinander getrennte Elemente enthält. Element einer Laufliste kann sein: Ein arithmetischer Ausdruck, ein **step-until**-Element, ein **while**-Element. (Für das **while**-Element vgl. 3.7.)

Die Wirkung einer Laufanweisung ist so zu beschreiben: Die Laufvariable nimmt den Wert des ersten Elements der Laufliste an, und das von der Laufvorschrift regierte ⟨*statement*⟩ wird ausgeführt; danach nimmt die Laufvariable den nächsten Wert gemäß der Laufliste an, und das ⟨*statement*⟩ wird erneut ausgeführt und so fort bis zum letzten Element der Liste.

Am häufigsten kommt es vor, daß die von der Laufvariablen anzunehmenden Werte eine Folge $A, A + B, A + 2B, \ldots, C$ bilden, was man zweckmäßig durch das **step-until**-Element ausdrückt. Es hat die Gestalt

A **step** *B* **until** *C*

wobei *A, B, C* für arithmetische Ausdrücke stehen.

Obiges Beispiel kann dann auch lauten

for i := 1 **step** 1 **until** 10 **do** s := s + a[i];

oder auch

for i := 1, 2, 3 **step** 1 **until** 8, 9, 10 **do** s := s + a[i];

Die Wirkung des **step-until**-Elements kann in Algol beschrieben werden.

for *V* := . . ., *A* **step** *B* **until** *C*, . . . **do** *S*

wirkt wie

```
      V := A;
lab:  if (V - C) × sign(B) > 0 then goto next;
      S;
      V := V + B;
      goto lab;
next: „Nächstes Element der Laufliste."
```

Die „Endabfrage" bei der Marke lab prüft, ob *V* bei positiven Schritten *B* größer als *C* oder bei negativen Schritten *B* kleiner als *C* geworden ist.

Wir bemerken, daß der arithmetische Ausdruck *C* einmal, der Ausdruck *B* zweimal bei jeder Änderung der Laufvariablen *V* errechnet wird.

Die Ausdrücke *A, B, C* können selbstverständlich von der Laufvariablen abhängen oder von Größen, die in der Anweisung *S* geändert werden. In den meisten Fällen von Anwendungen jedoch ändern *A, B, C* ihren Wert nicht. Darauf nehme man beim Programmieren Rücksicht. Zum Beispiel ist eine Laufanweisung

for . . . . **step** k + 2 **until** . . .

recht unwirtschaftlich, wenn bei jeder Änderung der Laufvariablen der Ausdruck k + 2 zweimal mit dem gleichen Ergebnis ausgewertet werden muß.

In Zusammenhang mit der Laufanweisung sind zwei Regeln zu beachten:

Ein Sprung von außerhalb einer Laufanweisung an oder in die von der Laufvorschrift regierte Anweisung ist undefiniert. Verboten ist

also z. B.

```
goto la;
. . .
for . . . do
    la : b := b + a[i];
```

und z. B.

```
goto lb;
. . .
for . . . do
    begin . . .
            lb : x := y + 1;
            . . .
    end;
```

Der Wert der Laufvariablen ist nach Ablauf der Laufanweisung, also nach Abarbeitung der Laufliste, undefiniert.

z. B.
```
for i := 1 step 1 until 10 do s := s + a[i];
!! i hat an dieser Stelle keinen definierten Wert
```

Wir können letztere Regel nur so hinnehmen, wie sie im AR gegeben ist, da sie ohne Einblick in die Konstruktion eines Compilers nicht erläutert werden kann. Die Laufvariable hat jedoch einen definierten Wert, wenn die Laufanweisung vorzeitig verlassen wird.

z. B.
```
        for i := 1 step 1 until n do
        if g[i] = b then goto found;
      !! an dieser Stelle ist der Wert von i undefiniert
        . . .
      found:
      !! an dieser Stelle ist der Wert von i definiert.
```

Beispiele für Laufanweisungen:

1. Die in Abbildung 8 behandelte Aufgabe kann mit einer Laufanweisung programmiert werden:

```
xo := xo + xs/2.0;
for x := xu step xs until xo do
begin newline(1); y := ((a × x + b) × x + c) × x + d
      print(x, 0, 4); print (y, 0, 4)
end
```

Damit die obere Grenze *xo* trotz Rundungsfehlern erreicht wird, haben wir *xo* geändert durch xo := xo + xs/2.0. Ohne *xo* zu ändern, hätte man auch

```
for x := xu step xs until xo + xs/2.0
```

programmieren können. Dies wäre jedoch unwirtschaftlich, da der Ausdruck xo + xs/2.0 bei jedem Schritt erneut auszuwerten wäre.

2. In dem Beispiel der Abbildung 16 könnten die Anweisungen zwischen den Marken l6 und l3 auch in einer Laufanweisung für die Laufvariable **t** zusammengefaßt werden.

```
     sq := sqrt(n);
     for t := 2,3 step 2 until sq do
        if n = t × (n ÷ t) then goto l4;
l3:  writetext ('(' prim ')'); goto l2
```

3. Das Einlesen eines zweidimensionalen Feldes a[1 : m, 1 : n], dessen Elemente „zeilenweise" auf einem Datenträger abgelocht sind, wird durch folgende Laufanweisung beschrieben:

```
for i := 1 step 1 until m do
for j := 1 step 1 until n  do          a [i, j] := read;
```

Es sei zum Beispiel $m = 2, n = 3$.
Auf dem Datenträger stehen $2 \times 3 = 6$ Werte:

+ 4.1	*- 0.8*	*- 0.6*	*+ 0.9*	*- 2.2*	*+ 3.4*
a_{11}	a_{12}	a_{13}	a_{21}	a_{22}	a_{23}

Die Matrix wird mit den Zahlenwerten gefüllt.

Feld:

a [1,1]	a [1,2]	a [1,3]
a [2,1]	a [2,2]	a [2,3]

Belegung:

+ 4.1	*- 0.8*	*- 0.6*
+ 0.9	*- 2.2*	*+ 3.4*

Besehen wir noch einmal diese Laufanweisung. Auf den ersten Blick scheinen es zwei Laufanweisungen zu sein. Tatsächlich aber handelt es sich um **eine** Laufanweisung für die Laufvariable i; die *i-Laufvorschrift* regiert ihrerseits eine Laufanweisung. Im Programmablaufplan hat man folgendes Bild:

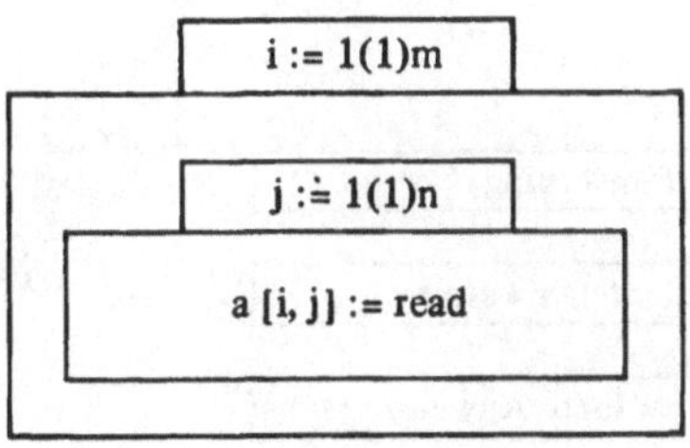

3.2. Die leere Anweisung; Übersicht über Anweisungen

Marken können vor jeder Anweisung angebracht werden; sie sind syntaktisch ein Bestandteil der Anweisung. Es ist oft erforderlich, unmittelbar hinter die letzte Anweisung einer Verbundanweisung oder eines Blockes zu springen, z. B. an das Ende des Programms.

```
begin                                  begin
   . . .                                  . . .
   . . .                                  . . .
   goto ende;                             goto ende;
   . . .                                  . . .
   print (a, 3, 0);                       print (a, 3, 0);
   ende:                                  ende:  a := a
end                                    end
```

Zweckmäßig wäre die links stehende Ausführung, die aber nach unseren bisherigen Kenntnissen syntaktisch unzulässig ist, da die Marke ende zu keiner Anweisung gehört. Man könnte sich, wie rechtsstehend, dadurch helfen, daß man eine „wirkungslose" Anweisung a := a einführt, welche die Marke tragen kann. Diese Anweisung ist aber nur in dem Sinne wirkungslos, als sie keine der Rechengrößen des Programms ändert; sie erfordert aber Operationen des RA.

Tatsächlich ist die links stehende Ausführung möglich, da Algol eine **leere Anweisung** (das ist „nichts") als Anweisung (⟨*dummy statement*⟩) erklärt.

ende ist die an einer leeren Anweisung angebrachte Marke; damit liegt eine Anweisung vor, (die von der vorhergehenden durch ein Semikolon zu trennen ist).

Eine Verbundanweisung der Gestalt

begin x := a; y := b; **end**

erkennen wir nun nach Einführung der leeren Anweisung als syntaktisch richtig: Es wird die zweite Anweisung (unnötigerweise) von der darauffolgenden leeren Anweisung durch ein Semikolon getrennt (vgl. 2.6.).

Wir haben nun alle Anweisungen, die Algol kennt, kennengelernt, wenn auch manchmal nicht alle möglichen Formen. Wir geben dazu eine Übersicht.

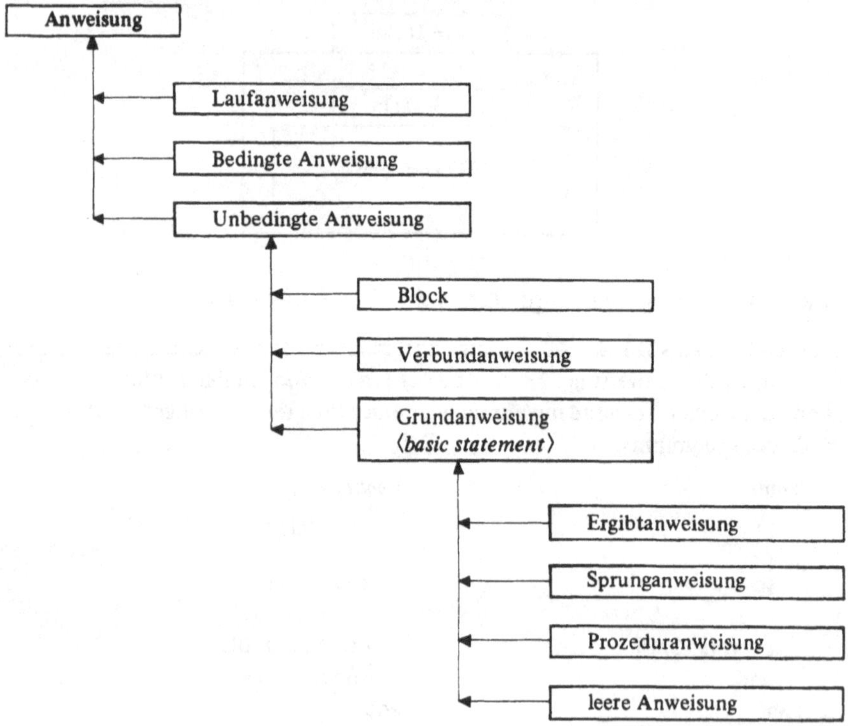

3.3. Dynamische Blöcke

Unsere bisherigen Programmbeispiele brachten Felder, die durch Angabe konstanter Indexgrenzen deklariert waren. Wenn wir die Aufgabe „*Berechnung des Wertes eines Polynoms n-ten Grades*" (vgl. Abb. 10) programmieren wollen, dann sind wir versucht, das Programm zu beginnen mit

```
begin integer n, i; real x, y;
      array a[0 : n];
```

Dies ist aber verboten, (weil die Deklaration des Feldes a[0 : n] nicht sinnvoll geschehen kann, solange n keinen Wert hat).

Bei Bearbeitung eines Blockes werden die Deklarationen wirksam, was bei der Deklaration eines Feldes insbesondere bedeutet, daß die Indexgrenzen, die als arithmetische Ausdrücke angegeben sein können, ausgewertet werden, und daß entsprechend der Größe des Feldes Speicherplätze zur Verfügung gestellt werden. Ein Block ist eine Anweisung (vgl. Übersicht in 3.2.) und kann als solche in einem umfassenden Block enthalten sein. Mit dieser Erkenntnis können wir unser einleitendes Beispiel bearbeiten (vgl. Abb. 18). In dem äußeren Block, der das Programm bildet, deklarieren wir n und weisen an n durch Einlesen einen Wert zu. Die zweite Anweisung des Programmblocks ist dann der Block, in welchem **array** a[0 : n] deklariert wird, nachdem n einen Wert erhalten hat.

Zwei Blöcke *A* und *B* stehen immer in einer von beiden Beziehungen: Entweder sie sind „geschachtelt", d. h. *A* umfaßt *B* vollständig oder *B* umfaßt *A* vollständig, oder sie sind „getrennt", d. h. *A* und *B* haben keine gemeinsamen Anweisungen.

(Z. B. in Abbildung 19 sind die Blöcke *- 3* und *- 3'* getrennt, der Block *- 2* umfaßt die Blöcke *- 3* und *- 3'*.)

Abb. 18. **Programm für Hornerschema**

```
begin integer n, i; real x, y;
      n := read;
      begin array a[0 : n];
            for i := 0 step 1 until n do a[i] := read;
            x := read;
            y := a[0];
            for i := 1 step 1 until n do
                y := y × x + a[i];
            newline (1); print (x, 2, 4); print (y, 2, 4)
      end
end
```

Zahlenbeispiel:

Eingabedaten < 3 1.0 2.0 - 3.0 1.0 0.5 <

(für das Polynom $x^3 + 2x^2 - 3x + 1$*,*
der Wert an der Stelle $x = 0.5$ *ist gesucht)*

Ausgabe + .5000 + .1250

Die „Blockstruktur" eines Programms bezeichnen wir durch Blockniveaus (vgl. Abb. 19, wo zusammengehörige Klammern **begin** . . . **end** entsprechend markiert sind). Der Programmblock hat das Niveau *-1,* eingeschachtelte Blöcke entsprechend tiefere Niveaus.

Einen Block nennt man **dynamisch**, wenn er von wenigstens einem weiteren Block umfaßt wird.
Der Begriff „dynamischer Block" kennzeichnet die Tatsache, daß die in einem Block deklarierten Größen nur während der Bearbeitung dieses dynamischen Blocks aktiviert sind. Speziell für Felder bedeutet dies, daß sie nur während der Bearbeitung desjenigen Blocks Speicherplätze beanspruchen, in dem sie erklärt sind. Der Block gestattet uns eine ökonomische Verwendung des Speichers eines RA, was in Abbildung 19 illustriert ist. Es werden hier z. B. drei Felder a, b, c erklärt, und es werden nur a und b bzw. a und c gleichzeitig gebraucht. Sowohl im Block *- 3* als auch im Block *- 3'* werden nur zwei Felder, also im Block *- 2* in jedem Augenblick höchstens zwei Felder beansprucht. Eine einfachere Struktur, bei der im Block *- 2* sämtliche drei Felder a, b, c erklärt sind, ergäbe eine unwirtschaftlichere Ausnutzung des Speichers. Wir müssen den Speicher immer als knapp betrachten, auch dann, wenn unsere Aufgabe im Speicher untergebracht werden kann; denn moderne RA können mehrere Programme abwechselnd bearbeiten, die sich dann wenigstens teilweise gleichzeitig im Speicher befinden sollen.

Beim Verlassen eines Blocks werden die eingangs des Blocks deklarierten Namen unbekannt. Die Werte der in dem Block deklarierten Variablen und Felder gehen verloren und stehen beim Wiedereintritt in den gleichen Block **nicht** mehr zur Verfügung.

Wichtig ist das Blockkonzept auch für eine wirtschaftliche Herstellung von Programmen. Die Deklaration gleicher Namen in getrennten Blöcken kann zu keiner Kollision führen, da eine Deklaration nur lokal in dem jeweiligen Block gültig ist. Man hat daher die Möglichkeit, Programmteile, die unabhängig voneinander vorgefertigt sind, in einfacher Weise zu einem Programm zusammenzufügen. Wie wichtig dies ist, werden wir erst dann ganz ermessen können, wenn wir in Kapitel 4 die Prozeduren kennenlernen.

Abb. 19. **Beispiel für Blockschachtelung**

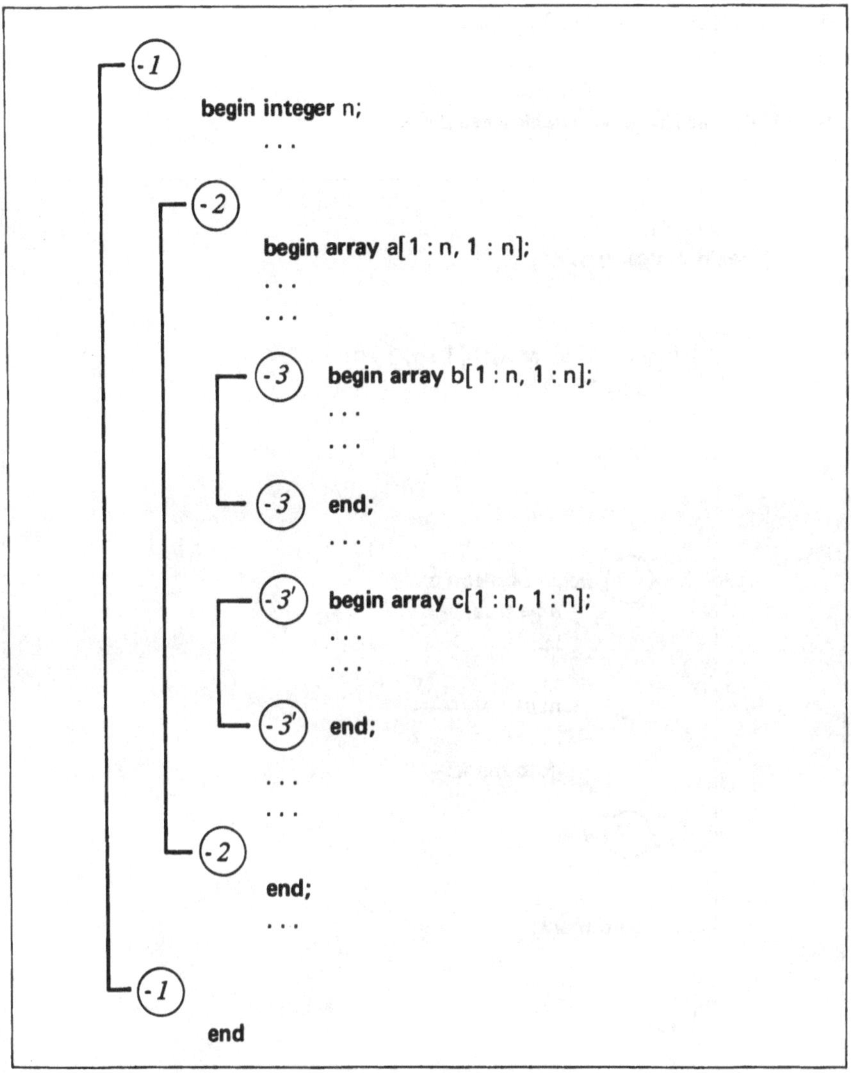

Daß gleiche Namen in getrennten Blöcken verschiedene Größen erklären, ist offensichtlich. Es erklären aber auch gleiche Namen in geschachtelten Blöcken verschiedene Größen, was noch einer Erläuterung bedarf:

Ist der gleiche Name auf mehreren Blockniveaus erklärt, dann gilt beim Ansprechen des Namens diejenige Deklaration, die in Blockniveaus aufsteigend zuerst aufgefunden wird.

Abbildung 20 gibt ein Beispiel. Die in Block *-3* benutzte Größe a ist in Block *-3* erklärt als Boolesche Variable, nicht kollidierend mit einer im Block *2* erklärten Variablen a vom Typ **real.**

Abb. 20. **Gleiche Namen in verschiedenen Blöcken**

```
(-1) begin integer n, i;
         . . .
     (-2) begin real a; array b[1 : n, 1 : n];
              a := 1.574;
              . . .
        ┌──► mark:
        │     . . .
        │     . . .
        │     (-3) begin boolean a;
        │              a := true;
        │              lab:
        │              . . .
        │              mark:◄──┐
        │              . . .   │
        │              goto mark;─┘
        │     (-3) end;
        │
        │     . . .
        └──── goto mark;
              . . .
     (-2) end;
          . . .
          goto lab;              ×   falsch, lab nur in -3 bekannt
          print (b[i,i], . . .); ×   falsch, b nur in -2 bekannt

(-1) end
```

Die Namen der Standardfunktionen und der standardisierten Prozeduren sind in einem das ganze Programm umfassenden Block (Niveau *0*) deklariert zu denken. Man darf grundsätzlich jeden der dabei bereits verbrauchten Namen erneut mit anderer Bedeutung erklären, wobei die standardmäßige Verwendung überdeckt wird. Zum Beispiel ist es möglich zu deklarieren

begin real sin; . . . **end**

Der Name sin wird als Name einer Variablen eingeführt; ein Aufruf der Standardfunktion sin ist in diesem Block dann nicht mehr möglich. Ebenso kann man die Namen standardisierter Prozeduren überdecken, z. B. den standardisierten Prozeduren neue Namen geben, was bei einem Übergang von einem RA des einen zu einem anderen Fabrikat wichtig wird (vgl. Beispiel 7 in 4.6.).

Die Blockstruktur bedarf besonderer Aufmerksamkeit beim Programmieren. Es empfiehlt sich, die Blöcke beim Anschreiben deutlich zu kennzeichnen, z. B. dadurch, daß zusammengehörige Paare **begin** . . . **end** untereinander gesetzt werden. Häufig entstehen Fehler dadurch, daß Namen zwar erklärt werden, aber außerhalb des Blocks, in dem sie bekannt sind, benutzt werden. In Abbildung 20 sind zwei solche Fehler angekreuzt (ein Compiler würde sie als Verstöße gegen die Syntax anzeigen).

Speziell in Zusammenhang mit Sprunganweisungen und Marken kann die Merkregel formuliert werden: „In einen Block kann man nicht hineinspringen."

Die own-Deklaration

(Dieser Absatz ist von geringer praktischer Bedeutung. Sehr viele Compiler lassen die **own**-Deklaration gar nicht oder nur eingeschränkt zu.)

Die Regel, daß beim Verlassen eines Blockes die eingangs deklarierten Namen unbekannt werden und die Werte von Variablen und Feldern verlorengehen, kann durch die (zusätzliche) **own**-Deklaration für Variable und Felder teilweise außer Kraft gesetzt werden. Das Symbol **own** wird der uns bereits bekannten Deklaration zugefügt:

z. B. **own integer** i, j, k;
own boolean array ba[1 : 50];

Der Zusatz **own** vor der Deklaration von Rechengrößen bewirkt, daß beim Verlassen des Blockes zwar die Namen der Rechengrößen unbekannt werden, daß aber die Werte dieser Rechengrößen erhalten bleiben und beim Wiedereintritt in den Block automatisch zur Verfügung stehen.

Gute Beispiele für die Verwendung von **own** sind umfangreich. Wir verweisen auf das Beispiel 2 am Ende des AR.

3.4. Boolesche Ausdrücke

Mit Booleschen Ausdrücken (⟨*Boolean expression*⟩) haben wir uns in Abschnitt 2.8. nur soweit beschäftigt, als zum Verständnis einfacher bedingter Anweisungen notwendig war. Wir haben dort als einfachste Boolesche Ausdrücke die Operanden

| *Relationen*
| *Boolesche Variable (Aussagenvariable)*
| *Wahrheitswerte*

kennengelernt. Dazu kommen noch

| *Funktionen* (die einen Wahrheitswert liefern)
| *in Klammern gesetzte Teilausdrücke.*

Ähnlich der Einführung der arithmetischen Ausdrücke erklären wir, daß Boolesche Ausdrücke durch Verknüpfung dieser Operanden durch logische Operationen (logische Verknüpfungen) gebildet werden.

Die **logischen Operationen** sind

$\wedge$ logisches **Und**
$\vee$ logisches **Oder**
$\neg$ **Verneinung**
$\supset$ **Implikation** (Folge)
$\equiv$ **Äquivalenz**

Da die logischen Operationen, anders als die arithmetischen Operationen, nicht allgemein geläufig sind, wollen wir sie erklären.

Die logische Operation $\neg$ ist eine einstellige Operation, d. h. sie wirkt auf den nächsten Operanden und kehrt dessen Wert um (von **true** nach **false** oder von **false** nach **true**).

Die Verknüpfung zweier logischer Werte p und q zu einem neuen Wert erklärt man am besten durch eine Tabelle für die vier möglichen „Belegungen" von p und q.

f steht für den Wert falsch (**false**), t für den Wert wahr (**true**).

p	f	f	t	t
q	f	t	f	t
$p \wedge q$	f	f	f	t
$p \vee q$	f	t	t	t
$p \supset q$	t	t	f	t
$p \equiv q$	t	f	f	t

Folgende Beispiele sollen die logischen Operationen anschaulich machen.

1. *Es soll ermittelt werden, ob für ein Flugzeug Landenotwendigkeit besteht oder nicht; wir können für „Landenotwendigkeit" die Boolesche Variable* l *einführen.* m1 *bzw.* m2 *seien Boolesche Variable, deren Wert aussagt, ob Motor 1 bzw. Motor 2 defekt ist oder nicht.* be *sei eine Boolesche Variable, deren Wert aussagt, ob der Benzinvorrat zu Ende ist oder nicht. Der Wert eines Booleschen Ausdrucks, der durch Verknüpfung von* m1, m2 *und* be *entsteht, wird an* l *zugewiesen.*

   $$l := m1 \vee m2 \vee be;$$

   „Landenotwendigkeit ergibt sich aus Motor 1 defekt oder Motor 2 defekt oder Benzin zu Ende."

2. st: *„Steuererleichterung bei Beschäftigung einer Hausgehilfin",* **boolean**.
   k : *„Zahl zu versorgender Kinder",* **integer**.
   f : *„Ehefrau berufstätig",* **boolean**.

   $$st := (k = 2 \wedge f) \vee k > 2;$$

   „Steuererleichterung wird dann gewährt, wenn der Steuerzahler 2 zu versorgende Kinder hat und die Ehefrau berufstätig ist, oder wenn mehr als 2 Kinder zu versorgen sind."

3. *Ob ein Punkt mit den Koordinaten (x, y) im ersten oder dritten Quadranten (schraffierter Bereich) liegt, gibt der Wert von* b *an.*

   $$b := (x \geqslant o) \equiv (y \geqslant o);$$

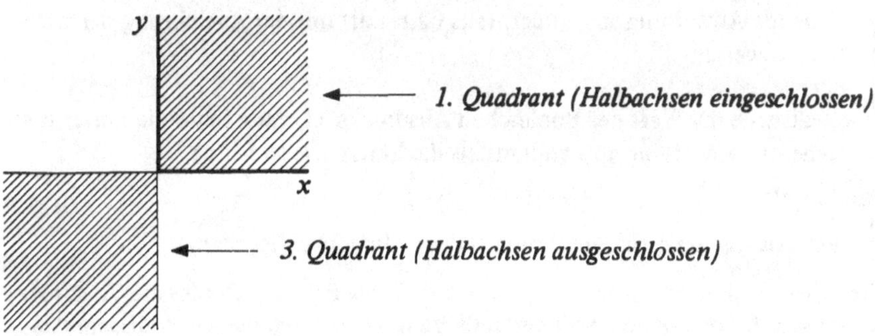

Der komplementäre Bereich (nicht schraffiert) wird durch nb *bestimmt:*

$$nb := \neg b \quad oder$$

$$nb := (x \geqslant 0 \wedge y < 0) \vee (x < 0 \wedge y \geqslant 0)$$

Viele Aussagen lassen sich durch Boolesche Ausdrücke formalisieren: z. B. die Verknüpfung von Schaltelementen; z. B. in Stellwerken der Eisenbahn ist ein Signal nur dann auf frei zu stellen, wenn eine Reihe von Bedingungen erfüllt ist (Anwendung der Und-Verknüpfung).

Wie bei den arithmetischen Operatoren liegen für die logischen Operatoren Vorrangregeln fest.

$\equiv \quad \supset \quad \vee \quad \wedge \quad \neg \quad \textit{rel} \quad \pm$

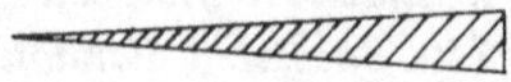

(steigende Bindungsstärke; *rel* steht für die Relationszeichen $< \leqslant = \neq > \geqslant$).

Unter Beachtung der Vorrangregeln können überflüssige Klammern in den obigen Beispielen entfallen:

```
st := k = 2 ∧ f ∨ k > 2
b  := x ⩾ 0 ≡ y ⩾ 0
nb := x ⩾ 0 ∧ y < 0 ∨ x < 0 ∧ y ⩾ 0
```

3.5. Bedingte Anweisungen; bedingte Ausdrücke

Bedingte Anweisungen (⟨*conditional statement*⟩) haben eine der drei Formen

if ⟨*Boolean expression*⟩ **then** ⟨*unconditional statement*⟩ |
if ⟨*Boolean expression*⟩ **then** ⟨*for statement*⟩ |
oder
if ⟨*Boolean expression*⟩ **then** ⟨*unconditional statement*⟩
else ⟨*statement*⟩

Die Bedeutung der bedingten Anweisung ist:

„Falls **true** der Wert des Booleschen Ausdrucks ist, dann führe die hinter **then** stehende Anweisung aus, andernfalls fahre fort mit der Ausführung der nächsten Anweisung."
oder
„Falls **true** der Wert des Booleschen Ausdrucks ist, dann führe die hinter **then** stehende Anweisung aus, andernfalls die hinter **else** stehende."

Merkregel:

Vor **else** kann nie ein Semikolon stehen. Unmöglich ist **then if**.

Bei einer bedingten Anweisung wird auf jeden Fall der Boolesche Ausdruck ausgewertet. Die zweite Form der bedingten Anweisung, die wir in diesem Abschnitt kennenlernen, gibt eine Alternative an derart, daß entweder die hinter **then** oder die hinter **else** stehende Anweisung ausgeführt wird. Trotzdem kann es sein, daß außer der Auswertung Boolescher Ausdrücke keine weiteren Aktionen erfolgen, wie das folgende Beispiel zeigt: (Für die b denke man Boolesche Ausdrücke gesetzt).

if b1 **then** y := x **else if** b2 **then** x := y

Falls b1 und b2 beide den Wert **false** haben, dann hat diese Anweisung abgesehen von der Auswertung von b1 und b2 keine weitere Wirkung.

Beispiele:

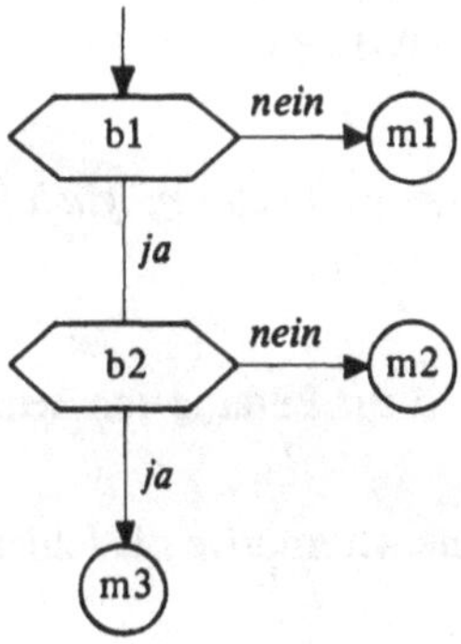


```
if b1 then
      begin if b2 then goto m3
                   else goto m2
      end
      else goto m1;
```

oder

```
if ¬b1 then goto m1
       else
       if b2 then goto m3
             else goto m2;
```

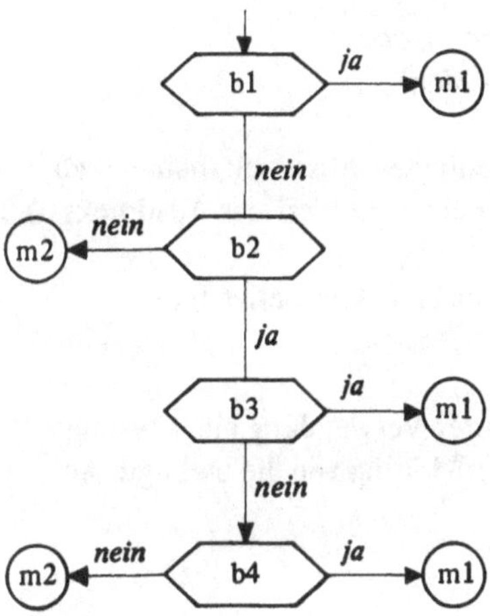


```
if b1 then goto m1;
if ¬b2 then goto m2;
if b3 then goto m1;
if b4 then goto m1 else goto m2;
```

oder

```
if b1 then goto m1
      else if ¬b2 then goto m2
                  else if b3 then goto m1
                             else if b4 then goto m1 else goto m2;
```

oder

```
if b1 ∨ (b2 ∧ (b3 ∨ b4)) then goto m1 else goto m2;
```

oder

```
if ¬b1 ∧ (¬b2 ∨ ¬(b3 ∨ b4)) then goto m2 else goto m1;
```

(Der erste Programmabschnitt ist übersichtlich, der zweite sehr unübersichtlich, die beiden letzten statisch am kürzesten, dynamisch jedoch am längsten, da sämtliche b *ausgewertet werden müssen.)*

Falsch ist

```
if bb then for i := 1 step 1 until k do a[i] := b[i]
       else for j := k step 1 until n do a[j] := b[j]
```

falsch

da die Konstruktion

if . . . **then** ⟨*for statement*⟩ **else** ⟨*statement*⟩ *nicht möglich ist.*

Die Konstruktion **if** . . . **then** . . . **else** wird auch zur Bildung von **bedingten Ausdrücken** verwendet.

Wichtig dabei ist, daß die durch **else** gegebene Alternative nie fehlen darf.

Bedingte arithmetische Ausdrücke

if ⟨*Boolean expression*⟩ **then** ⟨*simple arithmetic expression*⟩
else ⟨*arithmetic expression*⟩

z. B. `y := if x ≤ y then 0.0 else 2.0 × x;`
Der Wert von y ergibt sich aus einem bedingten Ausdruck, nämlich abhängig von der Relation x ≤ y entweder aus dem Wert des Ausdrucks 0.0 oder dem Wert des Ausdrucks 2.0 × x.

z. B. `y := if bb then n;` ist syntaktisch falsch, da eine Alternative fehlt.

z. B.
```
c := if a < b then - 1 else
            if a = b then 0 else 1;
```
Diese unbedingte Anweisung, gebildet unter Verwendung eines bedingten arithmetischen Ausdrucks hat die gleiche Wirkung wie die bedingte Anweisung
```
if a < b then c := - 1
       else if a = b then c := 0 else c := 1;
```
Da die Anweisung c := . . . weniger Operanden enthält als die Anweisung **if** a $<$ b . . . beansprucht sie weniger Speicher im RA.

Bedingte Boolesche Ausdrücke:

if ⟨*Boolean expression*⟩ **then** ⟨*simple Boolean*⟩
else ⟨*Boolean expression*⟩

z. B. **if** b1 **then** b2 **else** b3
Dieser bedingte Ausdruck hat den gleichen Wert wie der unbedingte
b2 ∧ b1 ∨ ¬ b1 ∧ b3

Man erkennt an dem Beispiel, daß bedingte Boolesche Ausdrücke durch logische Verknüpfungen immer in unbedingte umgeformt werden können. Dabei entsteht in unserem Beispiel jedoch ein längerer Ausdruck, in welchem b1 zweimal auszuwerten ist.

Bedingte Zielausdrücke:

if ⟨*Boolean expression*⟩ **then** ⟨*simple designational expression*⟩
else ⟨*designational expression*⟩

Von Zielausdrücken ⟨*designational expression*⟩ ist bisher noch nicht gesprochen worden. Der einfachste Zielausdruck ist eine Marke (mehr über Zielausdrücke in 3.8.).

z. B.

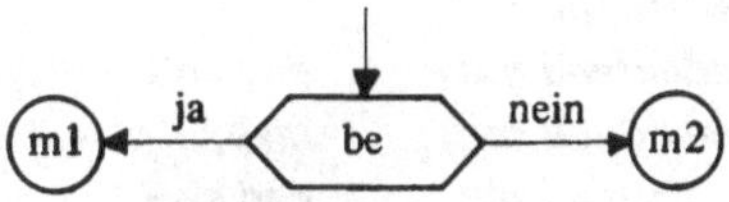

goto if be **then** m1 **else** m2;

hat die gleiche Wirkung wie **if** be **then goto** m1 **else goto** m2;

Bedingte Zielausdrücke sind von geringer praktischer Bedeutung. Gegenüber einer bedingten Sprunganweisung hat eine unbedingte Sprunganweisung, die einen bedingten Zielausdruck anspricht, den Vorteil, daß man auf den ersten Blick die Ausführung eines Sprunges erkennt.

3.6. Zeichenketten, Kommentar

Der Algol-Report definiert das syntaktische Objekt **Zeichenkette** (⟨*string*⟩). Für unsere Zwecke genügt die einfache Erklärung:

> Eine **Zeichenkette** ist eine in Kettenanführungszeichen '(' und Kettenschlußzeichen ')' eingeschlossene Folge von Symbolen, unter denen die „Kettenzeichen" (⟨*string quotes*⟩) nicht auftreten dürfen.

Im AR sind die Kettenzeichen als ' und ' gedruckt. Zeichenketten können nur als Parameter von Prozeduren auftreten, z. B. als Parameter der Prozedur writetext, welche die Zeichenkette ohne Kettenanführungs- und Kettenschlußzeichen ausdruckt. Es gibt keine Operationen für die Behandlung von Zeichenketten.

z. B. writetext ('(' 11.10.67,␣ meyer␣␣ berlin ')');
hat die Wirkung, daß der Text
11.10.67, MEYER BERLIN
ausgedruckt wird.

In der Erklärung der Zeichenkette haben wir von *Symbolen*, nicht von *Algolsymbolen* gesprochen, da viele Compiler auch andere als Algolsymbole im Zusammenhang mit der Ausgabe von Texten zulassen.

Da der Zwischenraum als typographisches Zeichen im Programmtext bedeutungslos ist (nur textgestaltende Wirkung, vgl. 2.1.), muß das Algolsymbol Zwischenraum durch ␣ gesondert gekennzeichnet werden. Es kann nur in Zeichenketten vorkommen; in der Ausgabe der Zeichenkette entspricht dem Symbol ⊔ ein typographischer Zwischenraum. Für die Darstellung des Symbols ⊔ vergleiche man die Beschreibung des jeweiligen Compilers. (Häufig erhält der sonst bedeutungslose typographische Zwischenraum innerhalb von Zeichenketten die Bedeutung des Algolsymbols ⊔.)

Zur **Kommentierung eines Programms** gibt es die folgenden Möglichkeiten:

begin comment *A1* ;	*ist gleichbedeutend mit*	**begin**
; **comment** *A1* ;	*ist gleichbedeutend mit*	;
end *A2* **end**	*ist gleichbedeutend mit*	**end end**
end *A2* ;	*ist gleichbedeutend mit*	**end** ;
end *A2* **else**	*ist gleichbedeutend mit*	**end else**

Dabei steht *A1* für eine Folge von Algolsymbolen, unter denen Semikolon nicht vorkommt, *A2* für eine Kette von Algolsymbolen, unter denen **end** | **else** | ; nicht vorkommen.
Ein nach den oben angegebenen Regeln in das Programm eingefügter Text *A1* bzw. *A2* hat also keine Wirkung und kann der Kommentierung des Programms dienen.

Die Tatsache, daß die Syntax den Kommentar hinter **end** gestattet, kann zu unliebsamen Programmierfehlern führen.
z. B. die Abschnitte

```
    ...                    ...
    end                    end;
              und
  a := b                 a := b
end                    end
```

sind beide syntaktisch richtig. In dem einen Fall ist a := b bedeutungsloser Kommentar, im anderen Fall eine Anweisung.

Wir weisen noch ausdrücklich daraufhin, daß **comment** nur hinter einem Semikolon oder hinter einem **begin** angebracht werden kann. Ein häufig gemachter Fehler ist der, daß unmittelbar vor **comment** eine Marke steht:

lab: **comment** . . . . . .;

Diese Konstruktion ist **falsch**.

Beispiele für Kommentare zeigen alle Programme, die wir noch bringen werden.

3.7. Das while-Element

(Dieser Abschnitt kann bei der ersten Lektüre übergangen werden.)

Das **while**-Element ist, wie der arithmetische Ausdruck und das **step-until**-Element, ein mögliches Element einer Laufliste.

Das **while**-Element ist erklärt durch:

⟨arithmetic expression⟩ **while** ⟨Boolean expression⟩

Es gestattet die Ausdrucksmöglichkeit:

„Bestimme die Laufvariable aus dem Wert eines arithmetischen Ausdrucks und tue dies solange als der Wert eines Booleschen Ausdrucks **true** ergibt."

Die Wirkung einer Laufanweisung

for V := . . . ., A **while** B, . . . **do** S;

kann beschrieben werden durch

```
m:    V := A;
      if ¬B then goto next;
      S;
      goto m ;
next: „Nächstes Element der Laufliste"
```

Da das **while**-Element einfach zu umschreiben ist, wird es weniger häufig verwendet, obwohl es in sehr übersichtlicher Weise häufig vorkommende Strukturen beschreibt.

Beispiel: *Eine Variable t soll die Punkte 0, 0.5, 1.0, . . . „abtasten" solange eine gewisse Bedingung $f(t) < tt$ erfüllt ist.*

```
for t := 0.0, t + 0.5 while f(t) < tt do
    begin . . . end;
```

Beispiel: *Eine Liste von Zahlen n1, n2, . . . sei auf eine etwas ungewöhnliche Art in einem Feld* a [1 : r, 1 : 2] *untergebracht. Eine Größe* anf *gibt die Position von n1 an, d. h. der Wert n1 steht in* a[anf,1]; *der Wert von* a[anf,2] *gibt den Platz* i *des nächsten Elements n2 an, welches also in* a[i,1] *steht und* a[i,2] *gibt die Position des dritten Elements n3 an und so fort. Eine Länge der Liste ist nicht explizit angegeben, sondern ein negativer Wert von* a [. . ., 2] *deutet an, daß* a [. . ., 1] *das letzte Element der Liste ist.*

Man spricht von einer **verketteten Liste.** *Zum Beispiel kann die Liste 10, 15, 20, 25, 30 gespeichert sein in*

			↓						
a[i, 1]		15	10		30		25	20	
a[i, 2]		8	2		-1		5	7	
	i = 1	*2*	*3*	*4*	*5*	*6*	*7*	*8*	*9*

Unsere Aufgabe soll es sein zu prüfen, ob die Liste ein Element vom Wert b enthält, und ggf. den Platz dieses Elements festzustellen.

```
for i := anf, a[i, 2] while i > 0 do
                 if a[i, 1] = b then goto found;
comment ein element vom wert  b  ist nicht vorhanden;
. . .
. . .

found:; comment ein element vom wert  b  ist vorhanden,
          es ist a[i, 1];
```

3.8. Der Verteiler

Die Struktur

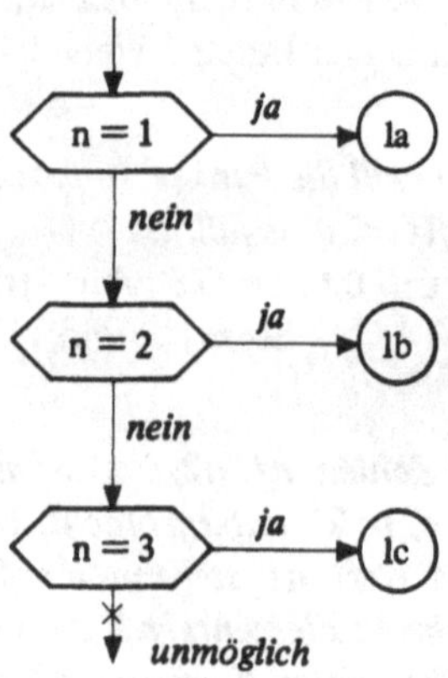

kann auch durch einen Verteiler beschrieben werden:

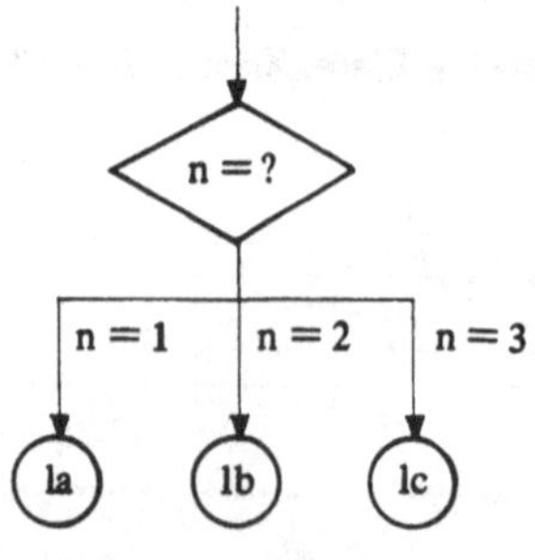

Einem Verteiler liegt die Vorstellung zugrunde, daß es eine Liste von Sprungzielen gibt, die **Verteilerliste**; die Sprungziele sind von 1 an gemäß ihrer Position in der Liste numeriert. Bei einem Verteileraufruf bestimmt eine steuernde Größe das Sprungziel direkt (im Gegensatz zu der eingangs gezeichneten Struktur, wo die steuernde Größe abgefragt wird).

Ein **Verteiler** ⟨*switch*⟩ wird in Algol deklariert, indem sein Name und eine Liste von Zielausdrücken angegeben wird.

z. B. **switch** sprung := la, lb, lc;

Über einen Verteiler wird gesprungen (**Verteileraufruf**), indem man den Verteilernamen und die der Verteilerliste entsprechende Positionsnummer als Index angibt.

z. B. **goto** sprung [2];

hat die gleiche Wirkung wie **goto** lb

z. B. **goto** sprung [i + 1];

nur dann definiert, wenn $1 \leqslant i + 1 \leqslant 3$ und hat die Wirkung eines Sprungs an das (i + 1)-te Sprungziel der Verteilerliste.

Bisher kennen wir nur Marken als Sprungziele und haben gesagt, Marken seien die einfachsten Zielausdrücke. Wir können nun vollständig erklären: **Zielausdrücke** ⟨*designational expression*⟩ sind Marken oder Verteileraufrufe; bedingte Zielausdrücke können konstruiert werden.

Da eine Verteilerliste aus Zielausdrücken besteht, also ihrerseits aus Verteileraufrufen bestehen kann, besteht die Möglichkeit, Sprungziele feldartig zu organisieren, wie das folgende Beispiel zeigt.

Beispiel:

la	lb1	lc	ld1
	lb2		ld2
	lb3		*u*
	lb4		*u*

j ↓   *i* →

u steht für undefiniert
$1 \leqslant i \leqslant 4$
$1 \leqslant j \leqslant 4$

Deklarationen:

switch s1 := la, s2[j], lc, s3[j];
switch s2 := lb1, lb2, lb3, lb4;
switch s3 := ld1, ld2;

Die Marken la, . . ., ld2 *sind in dem gleichen Block deklariert.*
Die Sprunganweisung

goto s1[i]

hat z. B. die Wirkung:

goto la   *falls* $i = 1$, *j beliebig*
undefiniert   *falls* $i > 4$ *oder* $i \leqslant 0$

goto lb3 *falls* $i = 2, j = 3$
goto ld1 *falls* $i = 4, j = 1$
undefiniert *falls* $i = 4, j > 2$ *oder* $j \leqslant 0$

Die Sprungziele, die auf einer Verteilerliste stehen, müssen für den gleichen Block wie der Verteiler selbst erklärt sein. Scheinbare Konflikte löst die Blockstruktur.

Beispiel:

```
(-1) begin
        switch sprung := la, lb, lc;
                                      !! Fehler: lb ist nur in -2 bekannt
        . . .
        la: . . .
        . . .
(-2)    begin integer h;
           . . .
           lb: . . .
           lc: . . .                  !! nicht auf Verteilerliste
           . . .
           goto sprung[3];            !! Sprung an die Marke lc gemäß
(-2)    end;                             Deklaration von sprung
      ->lc: . . .
(-1) end
```

Für das Blockniveau *-1* müssen la, lb, lc erklärt sein. lb ist aber nur auf dem Niveau *-2* erklärt; es liegt also ein Verstoß gegen die Syntax vor.
Die Marke lc, die nicht im Block *-2* erklärt ist, geht in die Verteilerliste ein.

3.9. Beispiele und Aufgaben

Beispiele:

1. Die in Abschnitt 1.5. behandelte Aufgabe zum Ordnen von Werten (Programmablaufplan in Abb. 12) ist in Abb. 21 programmiert. Das Vertauschen der Werte der Größen a[i + 1] und a[i] muß unter Zuhilfenahme einer Hilfgröße h in drei Ergibtanweisungen programmiert werden:

   h := a[i]; a[i] := a[i + 1]; a[i + 1] := h;

   Durch a[i] := a[i + 1]; a[i + 1] := a[i]; wird keine Vertauschung geliefert, sondern beide Größen erhalten den Wert von a[i + 1].

Abb. 21. **Programm für das Ordnen von Werten**

```
begin comment ordnen der werte aus einem feld a[1 : n];
      integer n, i, j, h;
      boolean z;
      n := read;
      begin integer array a[1 : n];
            for i := 1 step 1 until n do a[i] := read;
            for j := n - 1 step - 1 until 1 do
            begin z := true;
                  for i := 1 step 1 until j do
                  if a[i] < a[i + 1] then
                        begin h := a[i]; a[i] := a[i + 1];
                              a[i + 1] := h; z := false
                        end;
                  if z then goto fertig
            end fuer j;
fertig: for i := 1 step 1 until n do begin newline(1); print (a[i], 3, 0) end
      end innerer block
end
```

2. *Es liege ein* **integer array** a[1 : n, 1 : n] *vor. Es ist zu prüfen, ob es ein „Rechteck von gleichen Elementen" gibt, d. h. ob es Indices i1, i2, j1, j2 gibt, so daß a[i1, j1] = a[i1, j2] = a[i2, j2] = a[i2, j1] gilt.*
Abbildung 22 zeigt zunächst eine falsche Lösung (vgl. Aufgabe 4). Die nächste Lösung ist richtig, aber unwirtschaftlich, denn wenn etwa *a[i1, j1] ≠ a[i2, j1]*, dann wird trotzdem versucht, auf dieser „ungeeigneten Seite" ein Rechteck aufzubauen. Man muß also die Abfragen nach passenden „Seiten" auseinanderziehen, wie die letzte Lösung zeigt; außerdem werden bei dieser Lösung Ausdrücke als obere Grenzen im **step-until**-Element vermieden.

Abb. 22. **Suchen eines Rechtecks gleicher Elemente in einer Matrix**

Fassung 1

```
......
for i1 := 1 step 1 until n do
for i2 := 1 step 1 until n do
for j1 := 1 step 1 until n do
for j2 := 1 step 1 until n do
```

falsch

```
if a[i1, j1] = a[i1, j2] ∧ a[i1, j2] = a[i2, j1] ∧ a[i2, j1] = a[i2, j2]
      then goto found;
not found: ; comment kein rechteck;
. . . . . .
found: ; comment rechteck gefunden;
```

falsch

Fassung 2

```
for i1 := 1 step 1 until n - 1 do
for i2 := i1 + 1 step 1 until n do
for j1 := 1 step 1 until n - 1 do
for j2 := j1 + 1 step 1 until n do
   if a[i1, j1] = a[i1, j2] ∧ a[i1, j2] = a[i2, j1] ∧ a[i2, j1] = a[i2, j2]
      then goto found;
```

Fassung 3

```
for i1 := n - 1 step - 1 until 1 do
for j1 := n - 1 step - 1 until 1 do
for j2 := j1 + 1 step 1 until n do
      if a[i1, j1] = a[i1, j2] then
            for i2 := i1 + 1 step 1 until n do
                  if a[i1, j1] = a[i2, j1] then
                        begin if a[i2, j1] = a[i2, j2] then goto found end;
```

Aufgaben: (In Klammern ist die Nummer des Abschnitts angegeben, nach dessen Lektüre die Aufgabe behandelt werden kann.)

1. (3.1.) *Man drücke den folgenden Programmabschnitt durch eine Laufanweisung aus.*

```
      i := n;
mark: i := i - 1; if i = 0 then goto ex;
      if i ≠ k then a[i] := i; goto mark;
ex:
```

2. (3.1.) *Die folgenden Anweisungen weisen Werte an die Elemente eines Feldes* a[1 : n, 1 : n] *zu.*
Man gebe die Besetzung des Feldes an.

```
for i := 2 step 1 until n do
begin for j := i - 2 step - 1 until 1 do
      a[j, i] := a[i, j] := 1;
      a[i, i - 1] := a[i - 1, i] := a[i, i] := 0;
end;   a[1, 1] := 0
```

3. (3.5.) *Welche Syntaxfehler liegen bei folgenden Anweisungen vor?*

a)
```
if st = 0 then begin i := 6;  goto in end
          else
          for i := 1 step 1 until 12 do
          begin . . .
                . . .
             in:  a := b + 1
                . . .
          end;
```

b)
```
for z := false, true do
     if z then writetext ('(' wahr ')')
          else writetext ('(' falsch ')');
```

4. (3.1.) *Man zeige, daß die erste Lösung in Abbildung 22 falsch ist, nämlich für jedes beliebige Feld ein „Rechteck" liefert.*

5. (3.2.) *In folgendem Programmabschnitt wird ein Element* a[i] *mit* abs(a[i] - b) < eps *gesucht. Wird ein solches* a[i] *gefunden, dann soll zur Marke* ex *gesprungen werden. Man suche zwei Syntax- und einen Verfahrensfehler.*

```
begin b := x ↑ 2;
such: for i := 1 step 1 until n do
        if abs(a[i] - b) < eps then goto ex;
                                 else goto such;
   . . .
   . . .
end
ex:
```

6. (3.3.) *Man suche 6 Verstöße gegen Algol in dem folgenden Programm:*

```
begin integer n;  real a, x;
        n := read;  if n = 0 then goto lab;
        begin integer i, n;  array a[0 : n];
        . . .
lab:    x := a/2;
        . . .
        end;
   for i := 1 until n do print (a[i], 1, 8)
end
```

7. (3.3.) *Zu Beginn eines Programms soll ein Feld besetzt werden. Auf dem Datenträger sind die Werte der Größen*
   n a[1,1] a[2,1] a[2,2] a[3,1] . . . . . .
   . . . a[n,1] a[n,2] . . . a[n,n-1] a[n,n]
   abgelocht. Diese Werte sollen also die unterhalb und auf der Diagonalen des Feldes a[1 : n, 1 : n] *gelegenen Plätze besetzen; die übrigen Feldelemente sollen den Wert 0 erhalten. Man entwickle den geschilderten Programmabschnitt.*

8. (3.5) *Welchen Wert erhält* a, *wenn die Variablen* b, c, d, e, p *die darunter stehenden Werte haben.*

   a := **if** b > c ∧ ¬d ⩽ e **then** 7 **else if** p **then** b **else** c;

	b	c	d	e	p
a)	*1*	*3*	*2*	*5*	**true**
b)	*4*	*2*	*5*	*2*	**true**
c)	*4*	*2*	*2*	*2*	**false**

9. (3.5.) *Es wird behauptet, daß die bedingte Anweisung*
   if a < b **then** diff := b - a **else** diff := a - b
   und die unbedingte Anweisung
   diff := **if** a < b **then** b - a **else** - diff
   im allgemeinen nicht die gleiche Wirkung haben. Warum?

10. (3.5.) *Jede der folgenden Anweisungen enthält einen Syntaxfehler. (Für b) nehme man den AR zuhilfe.)*
    a) a := **if** r = s = t **then** 0 **else** 1
    b) a := 10.0 + **if** r < s **then** r **else** s
    c) x := **if** a = b **then** 0 **else if** a < b **then** b
    d) **goto if** n = 0 **then** lb1 **else** n := 1

11. (3.6.) *Man gebe die Syntaxfehler an.*
    a)
```
if x > pi then goto lab;
. . .
lab: comment kein geeignetes x;
```
    b) *Programm*
```
begin integer i, j;  array b, a[1 : 10];
        . . .
        for i := 1 step 1 until 10 do
        begin . . .
                . . .
        end kein a;  suche ein b.
        for j := 1 step 1 until 10 do
        . . .
end
```

12. (3.8.) *Man gebe einen Syntax- und einen Verfahrensfehler an.*

```
for n := 1 step 1 until 4 do
begin switch s := u,v,w;
        goto s[n];
   u: ...
   v: ...
   w: ...
   s: ...
end;
```

13. (3.8.) *Man gebe einen Fehler an.*

```
begin integer i;  boolean b;  b := true;
for i := i + 1 while b do
        begin ...
              b := ...
        end;
```

14. (3.7.) *Zur Lösung von Aufgabe 12 in Abschnitt 2.9. verwende man eine Laufanweisung mit* **while**-*Element sowie die bedingte Anweisung mit Alternative.*

4. Prozeduren

Neben der Blockstruktur ist es vor allem das Konzept der Prozedur, das Algol als eine starke Programmiersprache hervorgehoben hat. Zum Verständnis dieses Konzepts wird vom Leser eine erhöhte Aufmerksamkeit gefordert. Als Lohn dafür eröffnen ihm die Prozeduren die Programmbibliotheken der Rechenzentren und gestatten ihm die Prozeduren elegante Ausdrucksmöglichkeiten.

4.1. Prozeduraufrufe

In Abbildung 18 (3.3.) finden wir die Anweisungen

```
y := a[0];
for i := 1 step 1 until n do
y := y × x + a[i];
```

Sie errechnen den Wert y eines Polynoms

$$a_0 t^n + a_1 t^{n-1} \ldots\ldots + a_{n-1} t + a_n$$

an der Stelle $t = x$. (Hornerschema)
Immer dann, wenn wir Polynomwerte errechnen müssen, dürfen wir uns an diese Zeilen erinnern und sie sinngemäß, d. h. evtl. unter Abänderung von Namen in unser Programm einbringen. Brauchen wir das Hornerschema in einem einzigen Programm an mehreren Stellen (für das gleiche Polynom), dann wird die Schreibarbeit lästig. Wir wünschen uns, den Algorithmus „*horner*" ein einziges Mal aufzuschreiben und eine Anweisung

„*Führe horner aus*"

geben zu können. (Damit hätten wir übrigens auch das Programm statisch verkürzt.) Haben wir verschiedene Polynome mit dieser Rechenvorschrift auszuwerten, dann wünschen wir eine Anweisung

„*Führe horner aus mit dem Feld . . .,*
mit n = . . ., mit x = . . ."

Es ist ferner zu fordern, daß das Ergebnis nicht nur als Wert der Variablen y, sondern auch als Wert einer anderen Variablen abgeliefert werden kann.

Fassen wir das Ergebnis unserer Diskussion zusammen: Es sind die eingangs geschriebenen drei Programmzeilen unter einem Namen „*horner*" zusammenzufassen und ein einziges Mal im Programm aufzuschreiben. Die Größen a, n, x, y sollen austauschbar sein derart, daß man in einer Anweisung „*horner*" aufrufen kann, wobei gleichzeitig andere (aktuelle) Größen an die Stelle der a, n, x, y treten, die selbst nur eine formelle Bedeutung haben. Es sind demnach a, n, x, y formelle Parameter einer aufrufbaren Rechenvorschrift, (während i nur eine Hilfsgröße von lokaler Bedeutung ist). Da wir bereits (standardisierte) Anweisungsprozeduren kennen (vgl. 2.3.), können wir uns die Anwendung von „*horner*" vorstellen, nämlich als **Prozeduranweisung**, d. h. als den Aufruf einer von uns selbst erklärten Anweisungsprozedur.

Beispiel *für den Aufruf von „horner":*

```
begin real u, v, w, s, t, z;
      array p1[0 : 6], p2[0 : 10];
      Deklaration einer Prozedur „horner";
      . . .
      . . .
      horner (p1, 6, s, u); comment errechnet in  u  den wert des durch koeffi-
      zienten  p1  gegebenen polynoms sechsten grades an der stelle  s;
      . . .
      horner (p2, 10, 1.0, w); comment errechnet den wert  w  von polynom  p2
      an der stelle 1.0;
      print (u, 0, 6); print (w, 0, 6);
      . . .
      . . .
end
```

Im allgemeinen wird man einen Polynomwert in einem arithmetischen Ausdruck weiter zu verarbeiten haben. Es wäre daher praktischer, wenn man eine **Funktion** (⟨*function designator*⟩) verwenden könnte. Unter dem Namen *fhorner* hätten wir eine Funktionsprozedur zu erklären, deren Aufgabe es wäre, zu vorgelegtem a, n, x den Wert des entsprechenden Polynoms zu liefern.

Beispiel *für eine Funktion fhorner:*

```
begin real r, s, t, z;
      array p1[0 : 6], p2[0 : 10];
      Deklaration einer Funktionsprozedur „fhorner";
      comment anwendungsbeispiele für eine funktion fhorner, die in diesem
      block deklariert ist;
      . . .
      . . .
      z := fhorner (p1, 6, s)/fhorner (p2, 10, s);
      . . .
      print (fhorner (p1, 6, 3.5), 0, 4);
      comment drucke den wert des durch  p1  gegebenen polynoms an der
      stelle 3.5, mit 4 Stellen nach dem punkt in gleitpunktform;
      . . .
end
```

Syntaktisch betrachtet haben wir den ⟨*function designator*⟩ als Aufruf einer Funktionsprozedur, das ⟨*procedure statement*⟩ als Aufruf einer Anweisungsprozedur (auch eigentliche Prozedur genannt).
Äußerlich sind die beiden genannten syntaktischen Objekte gleich:

pname (par, par, . . ., par)
oder
pname

Dabei steht *pname* für den Namen der Prozedur; dahinter in Klammern folgen die durch Kommata getrennten Parameter *par*. Es gibt auch parameterlose Prozeduren (z. B. read).

Parameter *par* können sein:

eine Zeichenkette, ein Ausdruck, der Name eines Feldes, der Name eines Verteilers, der Name einer Prozedur.
(⟨*string*⟩ | ⟨*expression*⟩ | ⟨*array identifier*⟩ | ⟨*switch identifier*⟩ | ⟨*procedure identifier*⟩).

An die Stelle des Kommas als Trennzeichen zwischen den Parametern darf die Bildung

) ⟨*letter string*⟩ : (

treten. (⟨*letter string*⟩ ist eine nur aus Buchstaben bestehende Zeichenkette.)

Als ⟨*expression*⟩ kann eine Vielfalt von Parametern auftreten. Der Leser mache sich die Mühe, die unter Ziffer 3. im AR gegebene Definition von ⟨*expression*⟩ weiter zu verfolgen: Es gibt zum Beispiel den ⟨*designational expression*⟩ (Zielausdruck), worunter zum Beispiel die ⟨*label*⟩ (Marke) fällt usw.

Beispiele:

sum (i, a, b, a[i])

case (a) forday: (x) inyear: (2000 + k)

dritter Parameter
Trennzeichen
zweiter Parameter
Trennzeichen
erster Parameter
Prozedurname

writetext (‘(‘ 26.4. 1934 ’)’)

Der Parameter ist hier ein ⟨*string*⟩

zero (f) between : (a, b)

tension (g) point1:(x) pointy :(y)

! **Falsch**, *da point1 kein* ⟨*letter string*⟩ *ist.*

4.2. Die Anweisungsprozedur

Prozeduren haben Namen, die wie alle anderen Namen deklariert werden müssen. Da unter dem Prozedurnamen eine Rechenvorschrift deklariert werden soll, umfaßt die Deklaration die gesamte Rechenvorschrift. Formelle Parameter haben dabei die Aufgabe, die Formulierung der Rechenvorschrift überhaupt zu ermöglichen.

Syntaktisch hat die Deklaration der Anweisungsprozedur folgende Form:

procedure *pname* (*fpar*, . . ., *fpar*);
⟨*value part*⟩;
⟨*specification part*⟩;] Prozedurkopf ⟨*procedure heading*⟩
⟨*statement*⟩] Prozedurkörper ⟨*procedure body*⟩

Dabei steht *pname* für den Prozedurnamen (⟨*procedure identifier*⟩), dahinter in Klammern die Liste der Namen *fpar* von formellen Parametern. Über ⟨*value part*⟩ werden wir erst in 4.4. sprechen. In ⟨*specification part*⟩ werden alle formellen Parameter spezifiziert, d. h. mit ihrer Bedeutung aufgezählt. Den Prozedurkörper bildet eine Anweisung, die Rechenvorschrift.

Spezifiziert werden können formelle Parameter als
boolean
integer
real
⟨*type*⟩ **array**
array . . . . . . (*Bedeutung wie* **real array**)
⟨*type*⟩ **procedure**
procedure
label
switch
string (⟨*type*⟩ ::= **real** | **integer** | **boolean**)

Beispiel *für die Deklaration von horner, vgl. 4.1.:*

```
procedure horner (a, n, x, y);                         ]
   array a; integer n;  ]                              ] Prozedurkopf
   real x, y;           ] Spezifikationsteil           ]
begin integer i;                                       ]
      y := a[0];                                       ]
      for i := 1 step 1 until n do                     ] Prozedurkörper
          y := y × x + a[i]                            ]
end;                                                   ]
```

Deklarationen werden voneinander und von den folgenden Anweisungen durch Semikolon getrennt. Das Semikolon im Beispiel hinter **end** ist syntaktisch nicht Bestandteil der Prozedur. Trotzdem ist es praktisch, eine Prozedurdeklaration mit Semikolon abzuschließen.

Die formellen Parameter können, wie die aktuellen, durch)⟨*letter string*⟩:(getrennt werden (vgl. Beispiel in Abb. 24, 4.3.).

Die Prozedur kann parameterlos sein. Dann entfallen auch ⟨*value part*⟩ und ⟨*specification part*⟩. Jeder formelle Parameter muß spezifiziert werden, d. h. im Spezifikationsteil genannt werden (Algol verlangt dies nicht allgemein, jedoch verlangen es fast alle Compiler).

Man darf eine **Spezifikation** nicht mit einer Deklaration verwechseln, auch wenn äußerlich manchmal kein Unterschied besteht. Die Spezifikation nennt nur die Bedeutung der formellen Parameter für den Prozedurkörper. Eine Namenskollision kann zwischen einem formellen Parameter und irgendeiner deklarierten Größe nie geschehen. Unmöglich sind selbstverständlich zwei formelle Parameter gleichen Namens in der selben Prozedur. Formelle Parameter sind keine Rechengrößen des Programms.

Äußerlich gibt es Unterschiede zwischen Spezifikation und Deklaration darin, daß die Spezifikation ein Feld nur nennt, nicht aber Grenzen angibt, wie das bei der Deklaration geschieht, ferner darin, daß es eine Deklaration als **label** und **string** nicht gibt.

Wie wirkt der Aufruf einer Anweisungsprozedur?

> Der Aufruf einer Anweisungsprozedur wirkt wie die Ausführung eines Blocks, bestehend aus dem Prozedurkörper, in welchem die aktuellen Parameter nach gewissen Regeln an die Stelle der formellen getreten sind. (Einbringen der aktuellen Parameter.)
>
> Die aktuellen Parameter im Aufruf müssen in Art und Reihenfolge den formellen Parametern im Prozedurkopf so entsprechen, daß durch das Einbringen ein richtiges Programm entsteht.

Die Entsprechung der Parameter kann nur zum Teil durch den Übersetzer syntaktisch geprüft werden. Prüfungen beim Aufruf der Prozedur, also während des Programmlaufs, werden i. a. nicht durchgeführt.

Wir werden das Einbringen der Parameter in 4.4. behandeln. Um bis dahin doch eine Vorstellung zu haben, nennen wir die **Kopierregel** (als eine von zwei Regeln), welche besagt, daß die aktuellen Parameter die formellen ersetzen. Damit ist ganz deutlich geworden, daß die formellen Parameter keine Rechengrößen sind und nur der statischen Formulierung einer Rechenvorschrift dienen; sie werden bei der Ausführung dieser Vorschrift (dynamisch) durch aktuelle Parameter ersetzt, die ihrerseits aus Rechengrößen des Programms gebildet sind.

Beispiel:

Der Aufruf

```
          horner(c, 4, s + t, f);
```

wirkt wie

```
          begin integer i;
                f := c[0];
                for i := 1 step 1 until 4 do
                    f := f × (s + t) + c[i]
          end
```

Wir bemerken, daß die Ausführung unwirtschaftlich ist, weil der Ausdruck s + t viermal (mit gleichem Ergebnis) ausgewertet wird. Wir wissen, daß wir dies durch Einführung einer Hilfsvariablen vermeiden können; indes wollen wir dies hier nicht durchführen. Bei obigem Aufruf setzen wir stillschweigend voraus, daß wir **array** c[0 : 4] vorliegen haben. Auch **array** c[0 : k] mit $k > 4$ ist möglich: Die ersten *5* Werte des Feldes c sind dann die Koeffizienten des auszuwertenden Polynoms.

Abb. 23. **Prozedur für das Ordnen von Werten**

Das in Abbildung 21 entwickelte Programm zum Ordnen von Zahlen dient als Grundlage zur Formulierung einer Prozedur für diese Aufgabe. Der Leser kümmere sich noch nicht um **value** n:

```
procedure  ordnen (a, n);
           value n;  integer array a;  integer n;

       begin integer i, j, h;  boolean z;
       for j := n - 1 step - 1 until 1 do
       begin z := true;
             for i := 1 step 1 until j do
             if a[i] < a[i + 1] then
                begin h := a[i];  a[i] := a[i + 1];
                      a[i + 1] := h;  z := false
                end;
             if z then goto fertig
       end;
fertig:
end        ordnen;
```

Beispiel:

Der Aufruf horner (p, 4, x, f);
führt zu einem **falschen** *Programm, wenn* **array** p[1 : 4] *vorliegt; es wird bei der Ausführung* f := p[0]
verlangt, wobei p[0] *nicht existiert.*

Beispiel:

Der Aufruf horner (c, 4, f, s + t);
(in welchem der Programmierer zwei aktuelle Parameter verwechselt hat) ist **unmöglich,** *da* s + t := c[0]
auszuführen ist.

4.3. Die Funktionsprozedur

Die Funktionsprozedur, deren Aufruf als Funktion einen Wert liefert, unterscheidet sich von der Anweisungsprozedur in folgenden Punkten:

1. Der Prozedurkopf beginnt mit einer Typangabe **integer** oder **real** oder **boolean** für den Typ des abzuliefernden Wertes.
2. Der zu errechnende Wert wird im Prozedurkörper in einer Ergibtanweisung an den Prozedurnamen zugewiesen. Eine solche Zuweisung darf mehrmals erfolgen; im übrigen ist aber der Prozedurname weder eine Rechengröße noch ein formeller Parameter.

Wir haben also folgende syntaktische Form der Deklaration einer Funktionsprozedur

⟨*type*⟩ **procedure** *pname*(*fpar*, . . ., *fpar*); ⟨*value part*⟩; ⟨*specification part*⟩;	Prozedurkopf
⟨*statement*⟩	Prozedurkörper

(Der Leser ignoriere bis Abschnitt 4.4. die **value**-Angabe in den Beispielen.)

Beispiel *für die Deklaration der Funktionsprozedur fhorner, vgl. 4.1.*

```
real procedure fhorner (a, n, x); value n, x;
      integer n; real x; array a;

      begin integer i; real s;
            s := a[0];
            for i := 1 step 1 until n do
                s := s × x + a[i];
            fhorner := s
      end;
```

Man ist versucht, den Prozedurkörper so zu formulieren:

```
begin integer i;
      fhorner := a[0];
      for . . . . . . . . . do
         fhorner := fhorner × x + a[i];
```

falsch

Das ist aber syntaktisch falsch, da fhorner rechts von einem Ergibtzeichen eine Rechengröße ist.

Wie wirkt der Aufruf einer Funktionsprozedur?

> Der Aufruf einer Funktionsprozedur – das ist die Berechnung einer Funktion – wirkt wie die Ausführung eines Blocks, bestehend aus dem Prozedurkörper, in welchem die aktuellen Parameter nach gewissen Regeln an die Stelle der formellen getreten sind (Einbringen der aktuellen Parameter). Der durch die Funktion bestimmte Wert ist derjenige Wert, der (dynamisch) zuletzt an den Prozedurnamen zugewiesen wird.
> Die aktuellen Parameter müssen in Art und Reihenfolge . . . . (wie bei Anweisungsprozedur).

Beispiel: *Die Funktion Sinus hyperbolicus ist definiert durch*

$$sinh\,(x) = (e^{x} - e^{-x})/2.$$

Die Deklaration

```
real procedure sinh(x); value x; real x;
      sinh := (exp(x) - exp(- x))/2.0;
```

stellt uns diese Funktion zur Verfügung.
Dynamisch kürzer errechnet man sinh nach folgender Rechenvorschrift:

```
real procedure sinh(x); value x; real x;
      begin  real h;
             h := exp(x);
             sinh := (h - 1.0/h)/2.0
      end;
```

Beispiel: *Norm eines Vektors* $a[1:n]$
nennt man den Wert $\left(\sum_{i=1}^{n} a[i] \times a[i] \right)^{1/2}$

Folgende Prozedur stellt uns die Berechnung der Norm als Funktion, erklärt für einen Vektor, zur Verfügung.

```
real   procedure norm (a, n); value n;
       array a; integer n;
       begin integer i; real s; s := 0.0;
       for i := 1 step 1 until n do s := s + a[i] ↑ 2;
       norm := sqrt(s)
       end;
```

Häufig kommt es vor, daß ein Vektor zu normieren ist, d. h. alle Komponenten des Vektors sind durch die Norm zu dividieren. Wir können die Aufgabe innerhalb der angegebenen Funktionsprozedur erledigen, indem wir das Normieren dazufügen:

```
          ........ do s := s + a[i] ↑ 2;
          norm := s := sqrt(s);
          for i := 1 step 1 until n do a[i] := a[i] /s
       end;
```

An diesem Beispiel sehen wir, daß die „Wirkung" einer Funktionsprozedur nicht bloß im Errechnen eines Wertes zu bestehen braucht. Mathematisch aber fassen wir eine *„Funktion"* als die Zuordnungsvorschrift für (Funktions)werte zu gegebenen Argumenten auf; von Wirkungen kann nicht die Rede sein. Es empfiehlt sich daher, auch beim Programmieren Funktionsprozeduren so anzulegen, daß sie nur den Funktionswert errechnen, aber keine Rechengrößen des Programms (als Seiteneffekt) verändern. (Eventuell benötigte Hilfsgrößen werden lokal im Prozedurkörper bereitgestellt). Wenn wir **Seiteneffekte** bei Funktionsprozeduren ausschließen, dann vermeiden wir Fragen wie z. B. *„Welchen Wert hat* a + f(a), *wenn als Seiteneffekt der Wert von* a *durch* f(a) *verändert wird?"*. Solche Fragen lassen sich nur mit genauer Kenntnis der Semantik beantworten. Der interessierte Leser sei auf *Rutishauser* (siehe Lit.hinweise) verwiesen.

Wenn wir also Norm und Normieren eines Vektors verlangen, dann erklären wir besser eine Anweisungsprozedur

```
procedure normier (a, n) norm: (nm); value n;
       real nm; integer n; array a;
       begin integer i; real s; s:= 0.0;
             for i := 1 step 1 until n do s := s + a[i] ↑ 2;
                nm := s := sqrt(s);
             for i := 1 step 1 until n do a[i] := a[i] /s
       end;
```

Im Gegensatz zur **real procedure** norm wäre es hier gestattet, den formellen Parameter nm als Rechengröße (an Stelle von s) zu verwenden. Es empfiehlt sich jedoch, nicht allein wegen begrifflicher Klarheit, Parameter und Rechengröße zu unterscheiden: nm dient zur Aufnahme eines Ergebnisses, s ist eine lokal im Prozedurkörper vereinbarte Hilfsgröße, in welcher die Quadrate der a[i] akkumuliert werden.

Beispiel: *Es sei erklärt* **integer array** b[1 : 5].
Ein Aufruf lambda := norm (b, 5) *ist unmöglich, da der erste Parameter als* **(real) array** *spezifiziert ist.*

Ein weiteres Beispiel bringt Abbildung 24.
Wir bemerken dazu: Die Namen von aktuellen und formellen Parametern stehen in keiner Beziehung zueinander. Daß dort aktueller und formeller Parameter für das Koeffizientenfeld den gleichen Namen **a** haben, ist ein Zufall.

Abb. 24. **Tabellieren eines Polynoms** (vgl. auch Abb. 5 und 9)

```
begin integer i, k; real x, xu, xo, xs;
    comment die folgende prozedur ist aus einer programmbibliothek
    unverändert hier einkopiert;
    real  procedure fhorner (a) grad : (n) arg : (x);
          value n, x; integer n; real x; array a;
          begin integer i; real s;
             s := a[0];
             for i := 1 step 1 until n do s := s × x + a[i];
             horner := s
          end;
    k := read;
    begin array a[0 : k];
          for i := 0 step 1 until k do a[i] := read;
          xu := read; xs := read; xo := read;
          xo := xo + s/2.0;
          for x := xu step xs until xo do
          begin newline (1);
          print (x, 2, 4); print (fhorner (a, k, x), 2, 4)
          end
    end
end
```

4.4. Das Einbringen der Parameter

Für das Einbringen aktueller Parameter beim Prozeduraufruf gibt es zwei Regeln, die Kopierregel und die Wertaufrufregel. Im Prozedurkopf ist spezifiziert, welche der beiden Regeln auf den einzelnen Parameter angewendet wird.

4.4.1. Die Kopierregel

Die Kopierregel trifft für jeden Parameter zu, der im Prozedurkopf nicht auf der Wertliste (⟨*value part*⟩) steht, also nicht hinter dem Symbol **value** aufgeführt ist. Die Kopierregel besagt, daß beim Aufruf der aktuelle Parameter den entsprechenden formellen ersetzt.

Daß die Kopierregel offenbar wegen ihrer Allgemeinheit für manche Fälle unzweckmäßig ist, hat bereits ein Beispiel in 4.2. angedeutet. Andererseits gestattet ihre Anwendung sehr universelle Prozeduren, da Ausdrücke mit der Kopierregel eingebracht werden können. Wenn, wie im Aufrufbeispiel horner (c, 4, s + t, f) aus 4.2., der eingebrachte Ausdruck s + t beim Ablauf der Prozedur nicht verändert wird, dann hat man durch Mißbrauch der Kopierregel unwirtschaftlich gearbeitet. Anders, wenn der eingebrachte Ausdruck beim Ablauf der Prozedur verändert wird.

Ein **Beispiel** hierfür leiten wir aus der Prozedur norm (siehe 4.3.) her. Wir wollen eine Prozedur linnorm schreiben, welche die Norm von Matrixzeilen, Matrixspalten, allgemein von n Elementen errechnet, die durch die Werte $i = 1, 2, \ldots, n$ ausgewählt sind. (Der Leser kümmere sich, wie bei den früheren Beispielen, nicht um die Zeile **value** . . .)

```
real  procedure linnorm (n, ai, i);
      value n;
      real ai;  integer n, i;
   begin real s;
      s := 0.0;
      for i := 1 step 1 until n do
         s := s + ai ↑ 2;
      linnorm := sqrt(s)
   end;
```

Beim Aufschreiben von linnorm lesen wir ai als *„ein Ausdruck vom Typ* **real**, *der von i abhängt"*. Wir werden die Prozedur sofort an Aufrufbeispielen verstehen.
Es seien deklariert

array a[1 : p], c[1 : r, 1 : s]; **integer** j, k;

Dann wirkt linnorm (p, a[j], j) wie

```
......
for j := 1 step 1 until p do
   s := s + a[j] ↑ 2;
......
```

liefert also die Norm des Vektors $a[1], \ldots, a[p]$.

Der Leser verifiziert leicht,
daß linnorm (s, c[2, j], j)
die Norm der zweiten Zeile von Matrix c liefert,
daß linnorm (r, c[j, 1], j)
die Norm der ersten Spalte von Matrix c liefert,
daß linnorm (10, k, k)
den Wert $(1 + 2^2 + 3^2 + \ldots + 10^2)^{1/2}$ liefert
(vgl. auch Beispiel 1 in 4.6.)

Beispiel:

```
real  procedure sum (i, a, b, ai);
      comment liefert summe über die ai von i = a bis i = b in schritten
              von 1;
      value a, b; integer i, a, b; real ai;
      begin real s; s := 0.0;
            for i := a step 1 until b do s := s + ai;
            sum := s
      end;
```

Der Ausdruck sqrt(sum(j, 1, p, a[j] ↑ 2)) *liefert z. B. die Norm des Vektors* $a[1:p]$.

4.4.2. Die Wertaufrufregel

Zum besseren Verständnis der Regel geben wir zunächst eine Übersicht über Art und Bedeutung der möglichen aktuellen Parameter einer Prozedur. Ein aktueller Parameter kann dazu dienen, einen Wert (Werte im Falle eines Feldes) oder einen Namen oder einen Ausdruck in die Prozedur einzubringen, einen Wert (Werte) aus der Prozedur aufzunehmen, einen Wert (Werte) einzubringen und zugleich einen Ergebniswert (Ergebniswerte) aufzunehmen, ein Sprungziel zu nennen, eine Prozedur zu nennen (Funktional), einen Text einzubringen. Je nach seiner Spezifikation kann ein Parameter eine oder mehrere dieser Aufgaben übernehmen, was folgende Tabelle andeutet.

Betrachten wir nun die drei mit ** gekennzeichneten Tabellenplätze: Sie bezeichnen Parameter, die einen Wert haben können (bzw. Werte bei Feldern) und gleichzeitig eingehende Parameter sind. Für diese drei Situationen müssen wir uns fragen, ob der aktuelle Parameter durch die Kopierregel eingebracht werden soll (z. B. ein Ausdruck, dessen Wert bei Ausführung der Prozedur verändert wird), oder ob für die Ausführung der Prozedur nur der Wert des aktuellen Parameters interessiert. In letzterem Falle ist die Kopierregel zwar anwendbar, aber zu allgemein.

	eingehend mit Wert	eingehend mit Namen	ausgehend mit Wert	ein/ausgehend mit Wert	Sprungziel	Funktional	Text eingehend
Ausdruck, nicht Variable (vom Typ **real, integer, boolean**)	**	*					
Variable (**real, integer, boolean**)	**	*	*	*			
Feld (**array** oder ⟨type⟩ **array**)	**	*	*	*			
Prozedurname (**procedure** oder ⟨type⟩ **procedure**)						*	
Zielausdruck (**label**)					$\overset{**}{*}$		
Verteilername (**switch**)					*		
Zeichenkette (**string**)							*

Parameter, die nur einen Wert einbringen sollen, spezifiziert man zweckmäßig durch **Wertaufruf**.

> Wird ein formeller Parameter als **value** spezifiziert, dann bringt beim Aufruf der Prozedur der entsprechende aktuelle Parameter nur seinen Wert ein. An die Stelle des formellen Parameters denke man sich eine lokale Rechengröße gesetzt, an die einmal zu Beginn des Prozedurkörpers eine Wertzuweisung erfolgt.
> Alle Parameter, die nach der Wertaufrufregel behandelt werden sollen, werden hinter dem Symbol **value** aufgeführt.

Zu dem mit $\overset{**}{*}$ gekennzeichneten Tabellenplatz:
Auch Zielausdrücke besitzen (Ziff. 2.8. des AR) einen Wert (keinen Zahlenwert). Wir sind darauf nicht eingegangen und haben das Wort „Wert" im Sinne von „Zahlenwert" gebraucht. Es können demnach auch Zielausdrücke **value**-spezifiziert werden, was von geringer praktischer Bedeutung ist.

Beispiel:

```
procedure mult(a, aquadrat);
   value a; integer a, aquadrat;
         aquadrat := a × a;
```

Der Aufruf mult(k + 1, v)
wirkt wie die Ausführung von

```
begin a* := k + 1;
      v := a* × a*
end
```

(Der Stern * deute an, daß eine neue lokale Größe vorliegt.)

(2 Operationen: +, ×)

Aufgrund der Wirkung der **value**-Spezifikation, nämlich der Zuweisung des Wertes eines Ausdrucks an eine dem **value**-spezifizierten formellen Parameter entsprechende lokale Größe, ist es möglich, daß der aktuelle Parameter sowohl ein Ausdruck vom Typ **real** als auch vom Typ **integer** sein kann, gleichgültig ob der entsprechende formelle Parameter mit **real** oder **integer** spezifiziert ist. Es sind jedoch die Regeln für Wertzuweisung bei gemischtem Typ zu beachten (2.7.2.).
In dem obigen Beispiel ist es demnach gleichgültig, ob $k + 1$ vom Typ **integer** oder **real** ist. Dagegen muß in dem folgenden Aufruf mult1(k + 1, v) der aktuelle Parameter k + 1 einen Wert vom Typ **integer** liefern.

Beispiel:

```
procedure mult1(a, aquadrat);
          integer a, aquadrat;
             aquadrat := a × a;
```

Der Aufruf mult1(k + 1, v)
wirkt (gemäß der Kopierregel) wie

```
begin v := (k + 1) × (k + 1) end
```

(3 Operationen: +, +, ×)

Beispiel:

```
procedure mult2(a, aquadrat);
    value aquadrat; integer a, aquadrat;
       aquadrat := a × a;
```

Hier wurde irrtümlich der ausgehende Parameter zum Wertaufruf vorgesehen.
Ein Aufruf mult2 (k + 1, v);
wirkt wie

```
begin aquadrat* := v;
      aquadrat* := (k + 1) × (k + 1)
end
```

!! Die Wertzuweisung geschieht an aquadrat*, eine lokale Größe der Prozedur; v wird nicht berührt.

Die Beispiele zeigen deutlich, daß der **value**-spezifizierte Paramater zu einer lokalen Rechengröße wird. Man kann diese Tatsache manchmal zweckmäßig dazu ausnutzen, die Deklaration einer lokalen Größe im Prozedurkörper einzusparen. Nicht zweckmäßig wäre dies, wenn dadurch das Programm schwer lesbar wird, wie das folgende Beispiel zeigt.

Beispiel: *Funktion Sinus hyperbolicus (vgl. 4.3.)*

```
real procedure sinh (x); value x; real x;
    begin x := exp (x);
            sinh := (x - 1.0/x)/2.0
    end;
```

Was bedeutet die **value**-Spezifikation bei Feldern? Auch ein **value**-spezifiziertes Feld steht als Rechengröße lokal im Prozedurkörper während der Ausführung zur Verfügung; eingangs werden die Feldkomponenten **aus dem aktuellen Feld in das lokale übernommen.**

So löst die **value**-Spezifikation bei Feldern einen beträchtlichen Rechenaufwand aus!

Beispiel: **value**-*spezifiziertes Feld.*

Die Lösung eines linearen Gleichungssystems erfordert die Umformung der Koeffizientenmatrix a. Bei Verwendung einer
procedure lingleich (a, n, b, . . .); **value** n; **array** a, b, . . .
werde eine gegebene Matrix durch Umformung verändert. Soll dies vermieden werden, dann kann man eine
procedure lingleich 1(a, n, b, . . .); **value** a, n; **array** a, b, . . .
deklarieren, bei deren Aufruf die gegebene Koeffizientenmatrix in ein lokales a* *kopiert wird, mit welchem gearbeitet wird.*

Zusammenfassend halten wir zur Anwendung der Wertaufrufregel fest:

Eingehende Parameter, die **real, integer** oder **boolean** spezifiziert sind, sollen **value**-spezifiziert werden, wenn nur ihr Wert von Interesse ist. (Eine Prozedurdeklaration, die das nicht berücksichtigt, ist nachlässig geschrieben.)

Ausgehende oder ein/ausgehende Parameter können nicht durch Wertaufruf eingebracht werden.

Bei Feldern denke man an die umfangreiche Wirkung des Wertaufrufs.

Parameter, die keinen Wert haben, z. B. als **string** spezifizierte, können nicht **value** spezifiziert werden.

4.5. Rekursivität

4.5.1. Rekursiver Gebrauch einer Prozedur

Von einem rekursiven Gebrauch einer Prozedur spricht man dann, wenn die Ausführung einer Prozedur in sich die Ausführung derselben Prozedur umfaßt.

Einen solchen Fall zeigt offensichtlich folgendes

Beispiel: *Ermittlung der Summe aller Elemente eines Feldes*

```
array a[1 : m, 1 : n];
```

durch den Aufruf

```
sum (i, 1, m, sum (j, 1, n, a[i, j])).
```

(sum *ist in 4.4.1. deklariert.*)

Dieser Aufruf wirkt wie

```
begin a* := 1; b* := m;
    s := 0.0;
    for i := a* step 1 until b* do
        s := s + sum (j, 1, n, a[i, j]);
    sum := s
end
```

Beispiel:

Weniger offensichtlich enthält der folgende Programmabschnitt den rekursiven Gebrauch der Prozedur functiong in der Anweisung lambda := . . . .

```
begin real y, lambda; . . .
   real  procedure functiong(x);
         value x; real x;
         begin . . . . . . end;
   real  procedure functionh(x);
         value x; real x;
         begin functionh := functiong(x) + sin(x) end;
   . . . . . .
   lamda := functiong (functionh(y))
   . . . . . .
end
```

Der rekursive Gebrauch von Prozeduren ist ebenso wie der Gebrauch einer Prozedur innerhalb einer anderen möglich. Er wird hier nur erwähnt, damit der Leser die Einschränkungen versteht, die manche Compiler hinsichtlich solcher Prozeduraufrufe machen.

4.5.2. Rekursive Erklärung von Prozeduren

In der Mathematik heißt eine Funktion rekursiv erklärt, wenn sie für einige Werte explizit erklärt wird und weitere Werte durch bereits erklärte erhalten werden.

z. B. die Legendreschen Polynome $p_0, p_1, p_2, \ldots$
können rekursiv erklärt werden durch

$$p_0(x) = 1; \qquad p_1(x) = x;$$

$$p_{n+1}(x) = \frac{1}{n+1}((2n+1)\, x\, p_n(x) - n\, p_{n-1}(x)) \text{ für } n > 1$$

Analog sagt man von einer Prozedur, daß sie rekursiv erklärt ist, wenn zur Deklaration ein Aufruf der zu deklarierenden Prozedur selbst benutzt wird.
Für numerische Aufgaben wird man solche Prozeduren kaum anzuwenden haben. Wir erwähnen sie nur, damit der Leser die Einschränkungen versteht, die manche Compiler hinsichtlich solcher Prozeduren machen.

Dennoch sei ein, nicht praktisches, **Beispiel** auch hier erwähnt.

$n! = 1 \cdot 2 \cdot 3 \cdot \ldots \cdot (n-1) \cdot n$, *eine Funktion von* n,

kann rekursiv erklärt werden durch

$$n! = 1 \text{ falls } n = 1$$
$$n! = (n-1)! \times n \text{ falls } n > 1.$$

Daraus leitet sich direkt die Deklaration ab:

```
real procedure fak(n); value n; integer n;
    if n = 1 then fak := 1 else fak := fak(n - 1) × n
```

Man bemerke: fak *rechts von* := *ist keine Rechengröße, sondern ein Aufruf* fak(n - 1) *der zu erklärenden Prozedur* fak.

4.6. Beispiele und Aufgaben

Beispiel 1: *Gebundene Variable. (Jensen's device)*

Der Prozedurkörper ist, syntaktisch betrachtet, eine Anweisung, in welcher Größen vorkommen dürfen,

/ die in dem Block bekannt sind, in welchem die Prozedur deklariert wird (**globale Größen**);

/ die in einem eventuell als Prozedurkörper vorhandenen Block (lokal) erklärt werden;

/ die als formelle Parameter spezifiziert sind, wobei die **value**-spezifizierten Parameter als lokale Größen zu betrachten sind.

Unsere Beispiele haben bisher nur formelle Parameter und lokal deklarierte Größen behandelt. Unter Einbeziehung einer globalen Größe kann die in 4.4.1. behandelte Prozedur linnorm auch so formuliert werden:

```
begin integer i; . . .
      real  procedure linnorm 1 (n, ai);
            value n; integer n; real ai;
            begin real s;
                  s := 0.0;
```

```
            for i := 1 step 1 until n do
               s := s + ai ↑ 2;
            linnorm 1 := sqrt(s)
        end;
    ....
```

Aufruf z. B. linnorm 1 (10, a[i])

Man nennt i und ai **gebundene Variable**, da sie bei Prozeduraufrufen „gebunden" sind, d. h. in ihrer Bedeutung und Anwendung voneinander abhängig sind. In dieser Art gebundene Variable traten bereits in den Prozeduren linnorm und sum in Abschnitt 4.4.1. auf.

Der Gebrauch globaler Größen zur Deklaration einer Prozedur erfordert besondere Aufmerksamkeit. Für klare, leichter zu prüfende Programme wird dieser Gebrauch nicht empfohlen.

Beispiel 2: *Prozeduren für komplexe Arithmetik.*

Man kann für komplexe Zahlen Felder von 2 Elementen vorsehen, z. B.

real array a, b, c[0 : 1],

wobei a[0] *den Realteil,* a[1] *den Imaginärteil der komplexen Zahl a aufnimmt. Die Verknüpfung von komplexen Zahlen geschieht durch Prozeduren, z. B. für die Addition:*

```
procedure cadd(x, y, z);
    array x, y, z;
    begin integer i;
        for i := 0,1 do
        z[i] := x[i] + y[i];
    end
```

Aufrufbeispiel cadd(a, b, c)

für die Addition $c := a + b$ (komplex).

Komplexe Vektoren cva und cvb könnte man analog darstellen durch

real array cva, cvb [1 : n, 0 : 1];

Obige Prozedur cadd *ist ungeeignet, um komplexe Vektorkomponenten zu addieren.*

Wir deklarieren die allgemeinere Prozedur cadd1 *unter Einbeziehung einer globalen Größe* j,

```
procedure  cadd1(x, y, z);
           real x, y, z;
    for j := 0,1 do z := x + y;
```

und geben für die komplexe Addition $z := cva_n + cvb_1$ den Aufruf

cadd1(cva[n,j], cvb[1,j], z[j])

Beispiel 3: *Eine Prozedur als formeller Parameter.*

Es soll eine Prozedur für die numerische Integration einer Funktion f nach der Trapezregel formuliert werden.

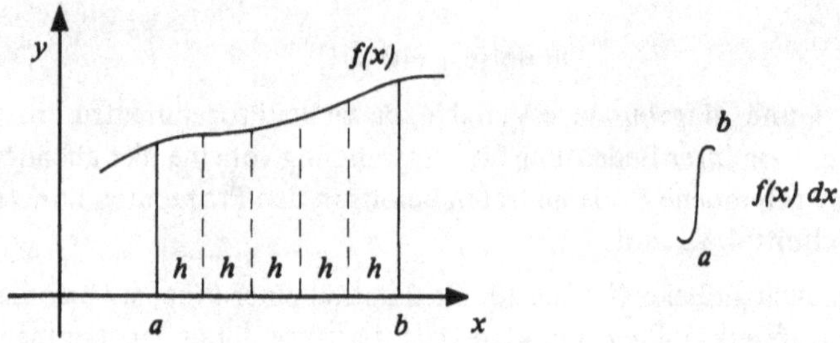

Wird das Integrationsintervall (a, b) in n Teilintervalle der Länge $h = (b - a)/n$ geteilt, dann lautet die Trapezregel für das genäherte Integral

$$h \times (f(a)/2 + f(b)/2 + \sum_{i=1}^{n-1} f(a + i \times h))$$

```
real procedure trapez(a, b, n, f);
      value a, b, n; integer n; real a, b;
            real procedure f;
   begin integer i; real h, s;
         h := (b - a)/n;
         s := (f(a) + f(b))/2.0;
         for i := n - 1 step - 1 until 1 do
         begin a := a + h; s := s + f(a) end;
         trapez := s × h
   end trapez;
```

Aufrufbeispiel: int := trapez(0, 3.14, 10, sin);
liefert das genäherte Integral $\int_0^\pi sin(x)\,dx$.

Mit dieser Prozedur trapez kann man nur Funktionen von einem Parameter integrieren, da der Gebrauch von f als formeller Parameter dies impliziert. Es ist z. B. nicht möglich $g(x,t)$ zu integrieren, wobei t z. B. ein Scharparameter ist. (Vgl. Aufgabe 6 in 4.6., jene Lösung wird dies gestatten.)

Aktueller und formeller Parameter müssen insofern korrespondieren, als durch die Regeln für das Einbringen der Parameter richtige und eindeutige Programme entstehen müssen.

Beispiel 4: *Parameterlose Prozedur für globale Größen.*

Kommt innerhalb eines Programms der gleiche Programmabschnitt häufig vor, dann kann eine geeignete Prozedur das Programm statisch verkürzen.

In eine geordnete Liste list ist ein neues Element a unter Beibehaltung der Ordnung einzufügen. Der erste besetzte Platz der Liste ist list[1], der letzte ist list[full].

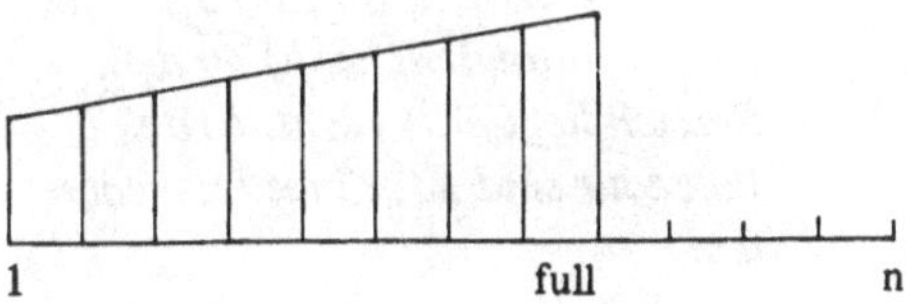

(Schematische Darstellung der Liste)

```
......
begin integer a, full, . . .;
      integer array list[1 : n], . . .;
      procedure inlist;
            begin integer i, s;
               for i := 1 step 1 until full do
                  if a < list[i] then goto stelle;
               i := full + 1;
               goto aus;
      stelle:  for s := full step - 1 until i do
                  list[s + 1] := list[s];
      aus:     list[i] := a;
               full := full + 1
            end in;
......
comment ist a einzutragen, dann aufruf von inlist;
a := ......;
inlist;
......
```

Beispiel 5: *Zeichenkette als Parameter*

Die Prozedur tprint *druckt auf eine neue Zeile einen Text und eine ganze Zahl.*

```
procedure tprint(t, z); value z; string t; integer z;
   begin newline(1);
         writetext(t); writetext ('(' ␣ = ')');
         print(z, 8, 0)
   end;
```

z. B. durch den Aufruf tprint ('(' sekunden ')', 18)
wird ausgedruckt SEKUNDEN = 18

Beispiel 6: *Prozedur vom Typ* **boolean,** *Marken als Parameter*

Die Berandung eines Bereiches der Gestalt

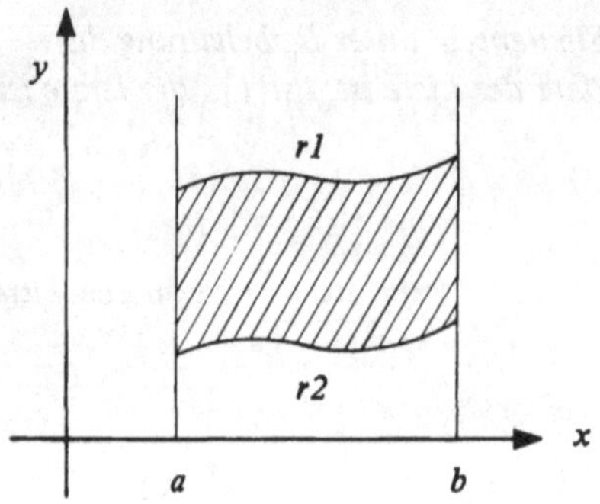

ist durch zwei Werte a, b und zwei Ausdrücke r1, r2 gegeben. Mit einem Prozeduraufruf soll entschieden werden, ob ein Punkt mit den Koordinaten (x, y) in dem Bereich liegt oder nicht. In der Prozedur sind r1, r2 und x gebunden.

```
boolean procedure bereich(r1, r2, x, y, a, b);
        value r1, r2, x, y, a, b;  real r1, r2, x, y, a, b;
        comment r1 und r2 sind ausdruecke in x;
  begin
     bereich := false;
     if x < a ∨ x > b then goto ex;
     if y > r1 then goto ex;
     if y < r2 then goto ex;
     bereich := true;
     ex:
  end
```

Der Prozedurkörper könnte durch die Anweisung

bereich := x ⩾ a ∧ x ⩽ b ∧ y ⩽ r1 ∧ y ⩾ r2

statisch kürzer gebildet werden.

Es kann zweckmäßig sein, die gestellte Aufgabe durch eine Prozedur zu erledigen, die einen Sprung an eine von zwei Marken veranlaßt.

```
procedure bereich 1 (r1, r2, x, y, a, b, yes, no);
  value r1, r2, x, y, a, b;  real r1, r2, x, y, a, b;
  label yes, no;
  begin if x < a ∨ x > b then goto no;
        if y > r1 then goto no;
        if y < r2 then goto no;
        goto yes
  end;
```

Aufrufbeispiel:

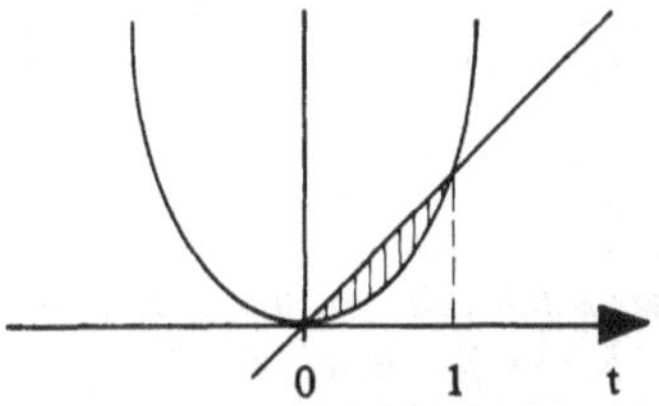

bereich 1 (t, t ↑ 2, t, q, 0.0, 1.0, m1, m2);
Dieser Aufruf verzweigt an einer der Marken m1 oder m2 im Programm.

Beispiel 7: *Compiler CA kennt als standardisiert die Funktionsprozedur* read *vom Typ* **real**, *Compiler CB die Anweisungsprozedur* read(v) *für* **real** *spezifiziertes* v. *Wir sollen mit einem Programm von CA nach CB übergehen.*

```
begin comment programm fuer cb, zunächst wird read(v) sozusagen
      umbenannt;
      procedure hilf(v); real v; read(v);
      begin comment in diesem block wird read neu deklariert in dem sinne wie
            fuer ca;
            real procedure read;
               begin real h;
                     hilf(h);
                     read := h
               end;
      begin comment programm fuer ca, unveraendert, es enthaelt anweisungen
            der art s := read;
      ......
```

Dieses Beispiel zeigt, daß verschiedene standardisierte Prozeduren bei verschiedenen Compilern für den Austausch von Programmen zwar keine grundsätzlichen Schwierigkeiten bereiten, daß jedoch bei gleichen Namen ärgerlicher Aufwand betrieben werden muß. Eine Empfehlung für einheitliche Ein/Ausgabeprozeduren hat sich bisher bei den Herstellern von Rechenanlagen leider noch nicht durchgesetzt.

Aufgaben:
(Mit Ausnahme von Aufgabe 13 nach Lektüre von 4.4. zu lösen.)

1. *Eine* **boolean procedure** prim(n);
   soll prüfen, ob n Primzahl ist oder nicht.
   (vgl. Beispiel 1 aus 2.9.)
2. *Man formuliere eine Prozedur*
   real procedure max(a, n);
   zur Bestimmung des größten Elementes eines Feldes a[1 : n].

3. *Man formuliere eine*
   boolean procedure sym(feld, n);
   für die Entscheidung, ob ein Feld feld[1 : n, 1 : n]
   von ganzen Zahlen symmetrisch ist oder nicht.
   (Zu prüfen ist, ob $a[i,j] = a[j,i]$ *für* $i \neq j$.*)*

4. *Gegeben sei ein Polynom* $a_0x^n + \ldots$ *durch das Feld* a[0 : n] *seiner Koeffizienten, ferner eine Nullstelle* t *des Polynoms. Man schreibe eine*
   procedure red(a, n, t, c);
   zur Bestimmung der Koeffizienten $c_0, \ldots, c_{n-1}$ *des Polynoms*
   $(a_0x^n + \ldots + a_n)/(x - t)$.

5. *Gegeben werden die ganzen Zahlen* t, m, j, *die ein gewöhnliches Kalenderdatum darstellen.* j *ist entweder vierstellig der Art* 19xx *oder zweistellig (verkürzt).*
   Eine
   integer procedure tag(t, m, j);
   soll ermitteln, den wievielten Tag des Jahres das Kalenderdatum nennt.
   (Globales Feld für die Anzahl der Tage in den Monaten verwenden!)

6. *Die in 4.6., Beispiel 3, behandelte Prozedur* trapez *soll insofern abgeändert werden, als der Integrand als Ausdruck vorgelegt werden soll.*
   ```
   real procedure trapez1 (a, b, n, fx, x);
                  ......; real a, b, fx, x;
   ```

7. *Es liegt eine Prozedur* g *vor, die eine Funktion zweier Veränderlicher erklärt. Was ist falsch, was ist besser zu machen?*
   ```
   real  procedure g(u, v); real u, v;
         begin g := sin(u) + u ↑ 2;
               if v < 1.0 then g := g × exp(v)
         end;
   ```

8. *Die Prozedur* skal *soll das Skalarprodukt*

   $$\sum_{i=1}^{n} x_i \cdot y_i \text{ zweier Vektoren } x, y \text{ ermitteln.}$$

   Was ist zu verbessern? Man finde 2 Syntaxfehler.
   ```
   real  procedure skal(x, y, n);
         array x, y[1 : n]; integer n;
         begin skal := 0.0;
               for i := 1 step 1 until n do
                     skal := skal + x[i] × y[i]
         end;
   ```

9. *Angenommen* skal *sei richtig, und es seien erklärt*

```
real array b, a[0 : 10], c[1 : 5, 1 : 5], x, y, d[1 : 5];
integer array bb, aa[1 : 8];
```

Sind folgende Aufrufe möglich?

a) skal(a, b, 2 + 3)
b) skal(c, d, 5)
c) skal(x, y, 6)
d) skal(bb, aa, 8)

10. *Was ist zu kritisieren (abgesehen vom Inhalt der Prozedur)?*

```
real   procedure doppel(y);  real y;
       y := doppel := y + y;
```

11. *Eine dem Beispiel 4 aus 4.6. entsprechende Prozedur mit Parametern laute:*

```
procedure  inlist1 (list, n, full, a);  value n, full, a;
           integer n, full, a;  integer array list;
           begin integer i, s, n;
              for i := 1 step 1 until full do
              . . . . . . . usw. wie Prozedur inlist.
```

Syntaktisch ist diese Prozedur einwandfrei. Ein Fehler jedoch verhindert, daß sie das gewünschte leistet. Was ist noch zu bemängeln?

12. *Siehe Beispiel 7 in 4.6. Die dortige Aufgabe soll umgekehrt werden: Ein für CB geschriebenes Programm (mit Anweisungen* read(v)*) soll mit CA compiliert werden.*

13. *Deklariert seien*

```
procedure fors(n, p); value n; integer n; procedure p;
   begin  integer j;
          if n = 0 then p  else
          for j := step 1 until u[n] do
          begin i[n] := j; fors (n-1, p) end
   end;
procedure compound; . . . . . .
integer array i, u[1 : 3];
```

Wie wirkt der Aufruf fors (3, compound)?
(Die Prozedur fors *ist veröffentlicht in* Comm.ACM, **5**, S. 555 (1962)).

5. Hinweise für die Praxis

Bis auf die Code-Prodezuren, die wir in 5.2.2. behandeln werden, haben wir die Syntax von Algol in den ersten vier Kapiteln dargestellt. Der Weg eines Programmentwurfs vom Manuskript zu einem „produktionsreifen" Programm ist aber auch an speziellen Gegebenheiten des zu benutzenden Rechenautomaten und des Algolübersetzers orientiert. Die Hinweise dazu, die der Benutzer in dem für einen Automaten jeweils gültigen Programmierhandbuch findet, sollen hier allgemein dargestellt werden. Ferner sollen einige praktische Regeln erläutert werden, nach denen syntaktisch richtige und wirtschaftliche Programme entstehen können.

5.1. Übersetzen und Rechnen von Programmen

Der Compiler verarbeitet ein für den Rechenautomaten lesbares Algolprogramm, das sogenannte **Quellenprogramm**, und erzeugt das rechenfertige **Objektprogramm**. Diesen **Übersetzungslauf** kann der Compiler nur dann vollenden, wenn das Quellenprogramm syntaktisch richtig ist. Verstöße gegen die Syntax werden angezeigt, und eine Übersetzung wird soweit versucht, als dabei überhaupt noch sinnvolle Fehleranzeigen entstehen. Das Objektprogramm kann nach erfolgreicher Übersetzung sofort gerechnet werden, wobei die vom Programmierer vorbereiteten Eingabedaten verarbeitet werden **(Produktionslauf)**. Man kann das Objektprogramm entweder magnetisch aufgezeichnet oder auf Lochkarten oder Lochstreifen gestanzt aufbewahren, wenn es häufiger gerechnet und der Übersetzungslauf eingespart werden soll. Ein Objektprogramm kann u. U. auch den Teil eines umfangreichen Programms bilden. Während des Produktionslaufes können noch Programmprüfungen gemacht werden, die wir zusammen mit der Syntaxprüfung in 5.3. behandeln. Abbildung 25 gibt eine Übersicht über den Informationsfluß.

Welche speziellen Eigenschaften eines Algolübersetzers und eines Rechenautomaten hat der Programmierer zu beachten?

Codierung des Quellenprogramms

Damit das Quellenprogramm von den optischen oder mechanischen Lesegeräten des Rechenautomaten gelesen werden kann, muß es nach einer festgelegten Codierung auf Lochstreifen oder Lochkarten gestanzt sein. Gemäß der in Deutschland gebräuchlichen Darstellung nach DIN 66006 (vgl. Anhang D) sind z. B. die im Manuskript durch Unterstreichen gebildeten Algolsymbole <u>begin</u> | <u>for</u> . . . usw. (im Buchdruck fett **begin** | **for** . . . usw.) durch Einsetzen

Abb. 25. **Datenflußplan für Übersetzen und Rechnen eines Algolprogramms (Datenflußplan angelehnt an DIN 66001)**

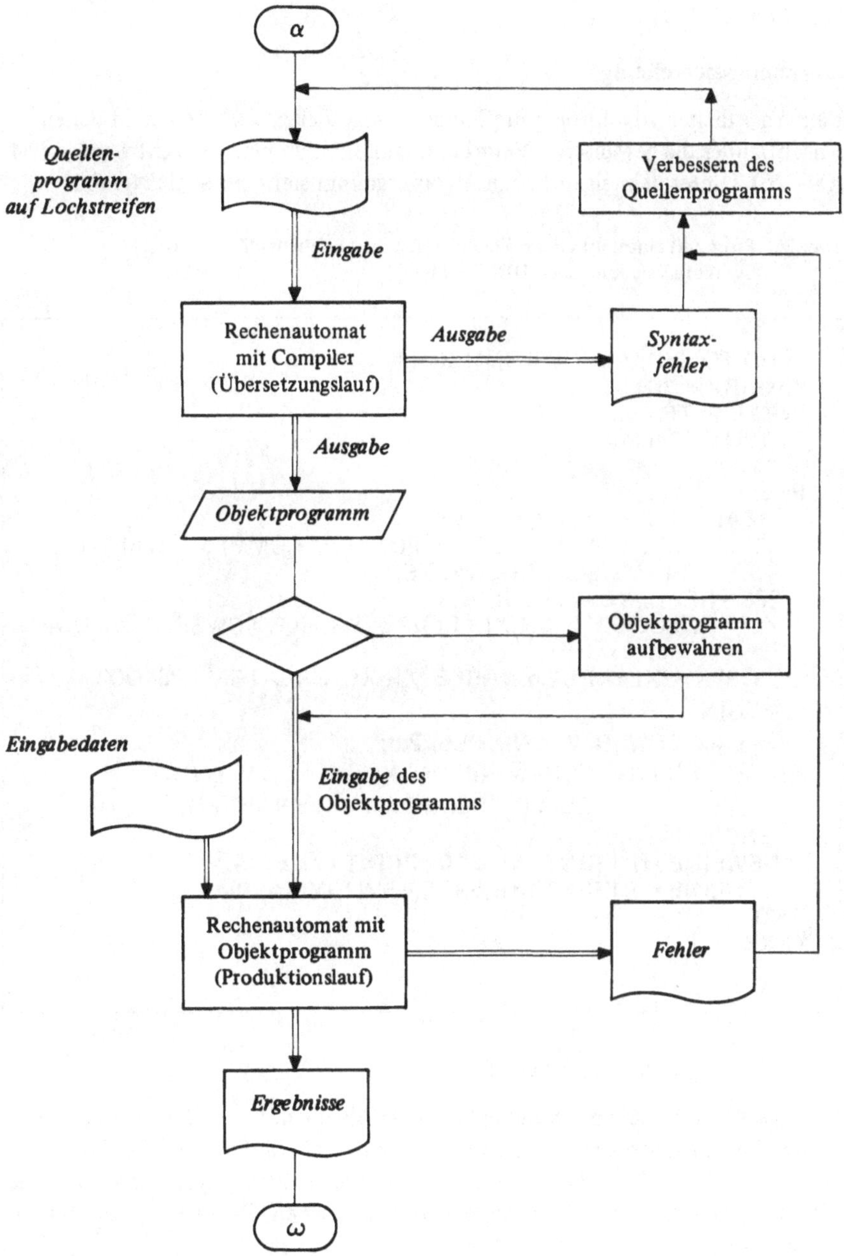

in Apostrophs gebildet; ferner sind die Algolsymbole <|>| ∧ usw. als Wortsymbole 'LESS' | 'GREATER' | 'AND' usw. dargestellt, da entsprechende Symbole für die in der Norm genannten Informationsträger nicht vorhanden sind (vgl. Abb. 26).

Programmbeschreibung

Dem eigentlichen Algolprogramm können einige Zeilen vorangehen, in denen Angaben über die gewünschte Verarbeitung des Programms gemacht werden (vgl. Abb. 26). Hinter dem eigentlichen Algolprogramm steht ein Schlußsymbol.

Abb. 26. **Protokoll eines mit einem Fernschreiber geschriebenen Programms,** Symboldarstellung nach DIN 66006

```
'SEND TO' (ED, ALGOL S-C,.ALGOL)
'PROGRAM' (BYo1)
'INPUT' 4=TRo
'OUTPUT' 12=LPo

'BEGIN'
   'REAL' XL,XR,YL,YR,X,Y,EPS;
   SELECTINPUT (4); SELECTOUTPUT (12); 'COMMENT' WAHL DER
            EIN/AUSGABEGERAETE;
   EPS:=READ; XL:=o.3; XR:=o.5;
   YL:=XL 'POWER' 2 -LN(XL+1.o)/2.o; YR:=XR 'POWER' 2 - LN(XR+
            1.o)/ 2.o;
   'FOR' X:=(XL+XR)/2.o 'WHILE' XR-XL 'GREATER' EPS 'DO'
   'BEGIN'
      Y:=X 'POWER' 2 - LN(X+1.o)/2.o;
      'IF' Y 'LESS' o 'THEN' 'BEGIN' XL:=X; YL:=Y 'END'
                       'ELSE' 'BEGIN' XR:=X; YR:=Y 'END'
   'END';
   NEWLINE (1); PRINT (XL,o,10); PRINT (YL,o,10);
   NEWLINE (1); PRINT (XR,o,10); PRINT (YR,o,10);
'END'
XXXX
```

Einschränkungen des Algolübersetzers

Fast alle Algolübersetzer schränken das volle Algol ein. Die IFIP (International Federation for Information Processing) hat daher ein SUBSET ALGOL 60 (IFIP) festgelegt (Numerische Math., 4, 420 (1963)). Mehr Einschränkungen, als die dort genannten, sollte kein Algolübersetzer machen. Typische Einschränkung: „Rekursive Erklärung von Prozeduren ist nicht möglich".

Festlegungen

a) aufgrund der Stellenkapazität des Rechenautomaten:
z. B. ganze Zahlen *i* müssen im Bereich
$-8388608 \leqslant i \leqslant 8388607$ liegen,
reelle Zahlen *r* müssen im Bereich
$5.6_{10}-76 < |r| < 5.6_{10}+76$ liegen, wobei die Mantisse *11* Dezimalstellen lang ist; die kleinste Zahl *eps* derart, daß
$1 \pm eps \neq 1$ ist $eps = 7.2_{10}-12$.

b) aufgrund der Speicherkapazität des Rechenautomaten:
z. B. Es können an keiner Stelle des Programms mehr als *1024* Namen bekannt sein.

Änderungen erweiternder Art

sollten vom Benutzer nie ausgenützt werden, um die Austauschbarkeit von Programmen nicht zu gefährden. Oft sind Erweiterungen nur scheinbar, und sie kommen dadurch zustande, daß der Benutzer nach längerem Gebrauch eines Übersetzers dessen Eigenheiten kennenlernt; z. B. nach einer Laufanweisung
for i := **1 step 1 until** n **do** . . .;
hat i den Wert $n + 1$. (Der AR sagt, daß der Wert von i undefiniert sei.)

Standardisierte Prozeduren

in Zusammenhang mit einem Algolcompiler.
In diesem Buch haben wir nur von einigen wenigen standardisierten Prozeduren Gebrauch gemacht, vgl. Anhang B.

Beachtung von Maschineneigenschaften

wie Rechengeschwindigkeit (z. B. 5×10^{-6} sec. für Addition/Subtraktion, 15×10^{-6} sec. für Multiplikation von Gleitpunktzahlen), Speicherkapazität, Ausstattung mit Ein/Ausgabegeräten, Ausstattung mit Hilfsspeichern im Hinblick auf das Programm.

5.2. Wirtschaftliches Programmieren

Von zwei Wegen ist derjenige wirtschaftlicher, der mit geringerem Aufwand an Mitteln das gleiche Ziel erreicht. Das Ziel ist hier die Produktion von Ergebnissen, die Mittel sind die Arbeitszeit des Programmierers, die verbrauchte Maschinenzeit für Testen und Rechnen eines Programms, die Beanspruchung von Speicher und Geräten des Rechenautomaten. Unsere folgende Darstellung erhebt keinen Anspruch auf Vollständigkeit und Systematik.

5.2.1. Verarbeitungsgerechte Darstellung des Problems

Bevor man zu programmieren beginnt, sollte man eine klare Vorstellung der Aufgabe gewonnen haben. Eine Analyse der Aufgabe führt oft zu einer Änderung der Aufgabenstellung im Hinblick auf die Bearbeitung mit Hilfe des Rechenautomaten. (Zum Beispiel wird man Meßwerte so erfassen, daß sie von einem Programm leicht bearbeitet werden können, und daß sie auf Erfassungsfehler geprüft werden können.)

Ist eine Aufgabe klar erkannt, dann ist das Programm sachgerecht anzufertigen. Dazu nennen wir folgende Punkte:

1. Man kann es vermeiden, die Maschine mehrfach Ausdrücke mit gleichem Ergebnis berechnen zu lassen.

   Beispiel: Siehe 4.3., Funktion *Sinus hyperbolicus.*

   Beispiel: *Die Auswertung von Indexausdrücken erfordert Rechenaufwand. Wir stellen eine gute und eine schlechte Lösung vor.*

h := 0.0;
for k := 1 **step** 1 **until** n **do**
h := h + b[i,k] × c[k,j]
a[i,j] := h;
	a[i,j] := 0;
	for k := 1 **step** 1 **until** n **do**
	a[i,j] := a[i,j] + b[i,k] × c[k,j];

   Beispiel: **for** i := 1 **step** 1 **until** n + 1
   erfordert die Berechnung von n + 1 *bei jeder Erhöhung des Laufindex (vgl. auch 3.1.). Manchmal ist es möglich,*
   for i := n + 1 **step** - 1 **until** 1 *zu schreiben.*

2. In diesen Zusammenhang gehört auch die **value**-Spezifikation. Wo es möglich ist, sollte sie angewandt werden, was i. a. Rechenaufwand spart.

3. Unnötige Typumwandlungen bei Konstanten vermeiden (vgl. 2.7.2.)!

4. Am häufigsten werden Probleme dadurch nicht verarbeitungsgerecht programmiert, daß Formelsätze kritiklos übernommen werden.

   Beispiel: $gr = B_0/B_1$, *wobei*
   $B_0 = cos(alpha) + eps$
   $B_1 = sin(alpha + beta)$

   ist ein Formelsatz, der die Herleitung von gr angibt. Die Berechnung von gr programmiert man nach diesen Formeln gedankenlos:

   ```
   b0 := cos(alpha) + eps; b1 := sin(alpha + beta); gr := b0/b1;
   ```

   Werden die Größen b0 *und* b1 *nicht noch anderweitig gebraucht, dann sind sie unnötigerweise eingeführt worden, denn man hätte kürzer schreiben können*

   ```
   gr := (cos(alpha) + eps)/sin(alpha + beta);
   ```

Ähnlich dem letzten ist das folgende

Beispiel: *Die Belegung eines Feldes* p[1 : n, 1 : n, 1 : n] *sei definiert durch* $p_{i,j,k} = a_i \times b_j \times c_k$. *Die Felder* a, b, c[1 : n] *seien gegeben,* p *ist zu füllen.*

```
for i  := 1 step 1 until n do
for j  := 1 step 1 until n do
for k  := 1 step 1 until n do
      p[i,j,k] := a[i] X b[j] X c[k];
```

ist ein richtiges Programm, ohne Überlegung aus der Definition von p *zu gewinnen. Dynamisch sehr viel kürzer ist*

```
for i := 1 step 1 until n do
begin pi := a[i];
      for j := 1 step 1 until n do
      begin pij := pi X b[j];
            for k := 1 step 1 until n do
                p[i,j,k] := pij X c[k]
      end
end
```

Beispiel: *Abhängig von* $n = 0, 1, 2$ *seien verschiedene Anweisungen auszuführen.*

```
if n = 0 then . . . ;
if n = 1 then . . . ;
if n = 2 then . . . ;
```

Kritik: Falls $n = 0$, *wird unnötigerweise auch noch nach* $n = 1$ *und* $n = 2$ *gefragt.*

Besser:

```
 if n = 0 then begin . . .; goto weg end;
 if n = 1 then begin . . .; goto weg end;
 . . . ;
weg:
```

Es ist bei Fallunterscheidungen auch zu überlegen, ob man nicht gezielt mit einem Verteilersprung arbeiten kann.

5.2.2. Ausnutzen aller Möglichkeiten

1. Da Algol keine Einschränkungen hinsichtlich der Wahl von Namen und hinsichtlich der Gestaltung des Textes macht, erleichtert man sich durch zweckmäßige Wahl von Namen und zweckmäßige Gliederung des Programms das Testen. Zum Beispiel kann man für eindimensionale Felder stets Namen aus zwei Buchstaben, für zweidimensionale Felder stets Namen aus drei Buchstaben wählen. Bei der Arbeit mit Feldern ist es zweckmäßig, immer wieder gleiche Buchstabenpaare für Spalten- und Zeilenindex, für Spalten- und Zeilenlänge zu wählen.

2. Durch geschickte Blockeinteilung spart man Speicherplätze (vgl. 3.3.).

3. Man spart Programmierarbeit, wenn man bei Standardaufgaben die Vorräte der Programmbibliotheken durchmustert, welche z. B. Prozeduren enthalten zur Lösung linearer Gleichungssysteme, zur Bestimmung der Nullstellen von Polynomen usw. Außerdem darf man annehmen, daß solche Prozeduren, von Fachleuten geschrieben, besonders effektiv arbeiten.
   Manchmal werden diese Prozeduren im Maschinencode vorbereitet, weil damit die Möglichkeiten der vorliegenden Rechenanlage besser ausgeschöpft werden können; man nennt sie **Code-Prozeduren**. Sie werden in ein Algolprogramm eingegliedert, indem der Kopf der Prozedur in Algol deklariert wird, der Prozedurkörper jedoch durch ein Maschinencode-Programm gebildet wird.

4. Man soll beim Programmieren *„alle Informationen ausnutzen"*. Das folgende Beispiel beachtet dieses Prinzip. *(Man nutzt aus, daß Merkmal 1 für die Mehrzahl der zu prüfenden Objekte nicht zutrifft.)*

   Beispiel: *Von einer Anzahl von Objekten soll geprüft werden, ob zwei Merkmale zutreffen oder nicht. Wir nehmen an, daß die Prüfung jedes Merkmals den gleichen Rechenaufwand kostet. Für die Prüfung vieler Objekte ist es nicht gleichgültig, in welcher Reihenfolge die Merkmale geprüft werden. Man prüft am billigsten, indem man dasjenige Merkmal zuerst prüft, das bei den meisten Objekten nicht zutrifft; dann ist die Entscheidung schon durch eine Prüfung gefallen.*

   Beispiel: *Nach dem Prinzip, alle Informationen auszunützen, wurde in Abschnitt 1.5. ein effektiveres Programm für das Ordnen von Werten aus dem ersten Programmentwurf hergeleitet (vgl. Abb. 11 und 12).*

   Das genannte Prinzip muß jedoch sorgfältig angewandt werden. Z. B. im Laufe eines Programmes anfallende Werte, die später noch zu verwenden sind, können gespeichert werden. Es kann aber sein, daß es bei Betrachtung der Betriebsmittel *„Zeit"* und *„Speicher"* günstiger erscheint, die Werte neu zu errechnen, d. h. *„Zeit"* zu opfern, um *„Speicher"* zu sparen. Zeitbedarf und Platzbedarf trifft man häufig als Antagonisten.

5. Informationen sind die Grundlage für Entscheidungen; der Entscheidungsprozeß, der die sozusagen latent vorhandene Information entwickelt, kostet Arbeit. Man muß den Entscheidungsprozeß einfach halten! Hierzu zwei extreme Beispiele.

   Beispiel: *Eine Multiplikation kann man einsparen, wenn einer der Faktoren Null ist. Der Entscheidungsprozeß, einen oder beide Faktoren auf Null zu prüfen, ist umfangreicher als die gesparte Multiplikation.*

   Beispiel: *Man hat sich eines Rechenautomaten bedient, um eine Gleichung zu lösen – das ist die Bestimmung einiger weniger Werte. Man hat während des Rechnens alle Zwischenergebnisse ausgedruckt, überdies mit einer sinnlos* *hohen Stellenzahl (nutzlose Information). Man hat dabei ein Druckwerk über Gebühr beansprucht; man hat nun aus dem Papierberg die relevanten Informationen herauszusuchen – ein Entscheidungsprozeß!*

6. Zum Schluß dieses Abschnitts sei dem Programmierer noch ein Satz mitgegeben: „Kein Programm ist vollkommen". Im Gegenteil, man kann es durch unverhältnismäßig hohen Einsatz immer wieder geringfügig verbessern. Darauf kommt es uns aber nicht an, sondern es geht um den zweckmäßigen Einsatz der Mittel zur Erreichung eines Zieles, was meistens nichts weiter bedeutet als saubere geistige Arbeit beim Programmieren.

5.3. Prüfen von Programmen

Zuerst muß ein Algolprogramm syntaktisch richtig sein, damit es in ein Objektprogramm übersetzt werden kann. Dann muß das Objektprogramm daraufhin geprüft werden, ob es das beabsichtigte Ergebnis erzielt.

Syntaxprüfung (für den Übersetzungslauf)

Bei der Übersetzung erkennt ein Algolcompiler Verstöße gegen die Syntax. Man hat manchmal zwei Compiler, nämlich einen, der syntaktisch richtige Programme möglichst wirtschaftlich in Objektprogramme übersetzt, und einen anderen, der ohne Rücksicht auf wirtschaftliches Arbeiten möglichst viele Fehler möglichst gut anzeigt (Syntaxchecker). Bei schwerwiegenden Fehlern ist es nicht möglich, alle im Programm vorhandenen Fehler bereits in einem einzigen Übersetzungsversuch zu finden.

Einer Syntaxprüfung durch den Compiler sollte eine Prüfung am Schreibtisch vorangehen,

/ weil ein Compiler nicht immer in einem einzigen Durchgang bereits alle Fehler entdeckt; der Gesamtaufwand an Zeit wird durch maschinelle Syntaxprüfung nicht immer geringer;

/ weil häufig schon bei der Syntaxprüfung am Schreibtisch Verfahrensfehler entdeckt werden.

Wir schlagen für eine Prüfung am Schreibtisch folgende Prüfliste vor:

1. Fehler an den Wortsymbolen (z. B. **coment**).
2. Fehlende Deklarationen;
   Benennung zweier verschiedener Objekte mit gleichem Namen auf dem gleichen Blockniveau (z. B. **real** a *und* **array** a);
   Sprung an eine unbekannte Marke.
3. Ausdrücke:
   falsche Klammerstruktur, fehlende Operationszeichen, Vorrangigkeit nicht beachtet (z. B. a ↑ - 3).

4. Satzstruktur des Programms:
   falsche Satzklammerung durch **begin** . . . **end**,
   fehlende Semikolons (häufigster Fall: hinter **end** wird Programmtext als Kommentar überlesen).
5. Prozeduren: Unvollständige oder falsche Spezifikation der Parameter; der Prozedurname einer Funktionsprozedur wird als Rechengröße verwendet.
6. Prüfung der Konstruktionen mit **if** . . . **then** . . . und **if** . . . **then** . . . **else** . . .
7. In Zweifelsfällen andere Ausdrucksform verwenden, z. B. (a ↑ 2) ↑ c statt a ↑ 2 ↑ c; Seiteneffekte vermeiden.

Prüfung des Objektprogramms (für den Produktionslauf)

Ein syntaktisch richtiges Programm kann noch mit zwei Gattungen von Fehlern behaftet sein, nämlich Verstößen gegen die Semantik von Algol und eigentlichen Verfahrensfehlern.

1. Zur **Prüfung des Verfahrens** wird man, wenn das gesamte Programm nicht zu umfangreich ist, oder wenn eine Prüfung in Teilen möglich ist, ein einfaches Zahlenbeispiel am Schreibtisch anhand des Programms durchgehen. Oft findet man Fehler schon dadurch, daß man das Programm für „Grenzfälle" grob untersucht, (z. B. werden die Primzahlen 2 und 3 richtig erkannt?). An einen Schreibtischtest schließt sich die Durchrechnung einfacher Zahlenbeispiele mit dem Rechenautomaten an. Es kann nötig sein, Zwischenergebnisse zu Testzwecken auszugeben. Verschiedene Testhilfen können zur Verfügung stehen, auf die wir hier im einzelnen nicht eingehen können. Wichtig ist, daß ein Test planmäßig und aufbauend durchgeführt wird, (daß z. B. Prozeduren einzeln getestet werden).

2. Zur **Prüfung auf Programmierfehler** aufgrund von Verstößen gegen die Semantik und gegen die Maschinenkapazität hilft der Rechenautomat.
   Solche Fehler sind z. B.
   / Unmögliches Feldelement, da Indices außerhalb der deklarierten Grenzen.
   / Unmögliche dynamische Deklaration eines Feldes, wenn eine obere Indexgrenze kleiner als die untere Indexgrenze ist.
   / Unmögliche aktuelle Parameter.
   / Unmögliches Argument für ln oder sqrt.
   / Division durch Null.
   / Überschreitung des Zahlenbereichs für **real**- oder **integer**-Größen.
   / Überschreitung der Speicherkapazität des RA durch dynamischen Block.

   Die Erkennung solcher Fehler im Produktionslauf ist zum Teil mit einem erheblichen Rechenaufwand verbunden. Sie unterbleibt daher bei den meisten Compilern. Manchmal steht ein Compiler zur Verfügung, der speziell nur für Testzwecke ein (aufwendiges) Objektprogramm erzeugt, welches die genannten Fehler prüfen kann.

5.4. Benutzen von Hilfsspeichern

Der Speicher eines Rechenautomaten (vgl. Abb. 6) hat nur eine begrenzte Anzahl von Zellen. Der Programmierer muß zunächst davon ausgehen, daß alle zur Ausführung seines Programms benötigten Speicherplätze – das sind Plätze für Anweisungen und für Rechengrößen – in diesem Speicher Platz finden. Angaben über den Speicherbedarf eines Programms und die Speicherkapazität eines RA müssen aus dem für die jeweilige Anlage gültigen Handbuch entnommen werden. Speicher in diesem Sinne ist der **Arbeitsspeicher** (Primärspeicher) des RA, zu welchem Verarbeitungswerk und Steuerwerk unmittelbar Zugriff haben.

Durch **Hilfsspeicher** (Sekundärspeicher) kann die Speicherkapazität eines RA insofern erweitert werden, als im Arbeitsspeicher jeweils nur die zur Verarbeitung unmittelbar benötigten Informationen gehalten werden, während der Rest sich im Hilfsspeicher befindet. Dabei enthält ein Hilfsspeicher immer Informationen, die gewissermaßen Abbilder von Informationsblöcken aus dem Arbeitsspeicher sind. Zu einem Hilfsspeicher haben Verarbeitungswerk und Steuerwerk keinen Zugriff. Es ist aber möglich, Informationsblöcke zwischen Hilfsspeicher und Arbeitsspeicher zu übertragen. Ein Informationsblock ist dabei der Inhalt einer lückenlosen Folge von Zellen des Arbeitsspeichers.

Man kann Rechengrößen, z. B. Felder, in einem Sekundärspeicher ablegen, wenn sie nicht mehr gebraucht werden und umgekehrt aus dem Sekundärspeicher abrufen, bevor sie verarbeitet werden sollen. Ebenso können Programmteile zwischen Hilfsspeicher und Arbeitsspeicher transferiert werden, so daß immer nur wenige Programmteile (z. B. ein Block des Programms und die in diesem Block aufzurufenden Prozeduren) Platz im Arbeitsspeicher belegen. Man spricht dann von **Programmsegmentierung** (auch *program-overlay,* weil verschiedene Programmteile nacheinander den gleichen Arbeitsspeicher bedecken (*to overlay*)). Auf die Programmsegmentierung gehen wir hier nicht ein, weil sie selten zur Verfügung steht und nicht annähernd einheitlich gehandhabt wird. Zudem nehmen moderne Betriebssysteme solche Segmentierungen u. U. automatisch nach besonderen Gesichtspunkten vor.

Es ist möglich, daß Dienstprogramme dem Programmierer die Verwaltung von Hilfsspeichern abnehmen derart, daß er die Illusion eines unbegrenzten Arbeitsspeichers hat. Solche automatischen Maßnahmen aber sind mit einem durchschnittlich höheren Aufwand an Rechenzeit verbunden, als wenn sie vom Programmierer veranlaßt werden. Bis ein Informationsblock in den Arbeitsspeicher übertragen ist, vergeht erstens Zeit, diesen Block im Hilfsspeicher aufzusuchen, und zweitens, ihn zu übertragen. Beide Aufgaben, das Suchen und der eigentliche Transfer, aber geschehen im wesentlichen unabhängig vom übrigen Programmlauf, so daß der Programmierer den Abruf von Informationen so rechtzeitig veranlassen kann, daß keine Wartezeiten entstehen. Das gelingt optimal, wenn die Arbeitscharakteristik des Hilfsspeichers sowie die Programm- und

Datenstruktur der Rechenaufgabe berücksichtigt werden. Entsprechendes gilt für das Ablegen von Informationen im Hilfsspeicher. Es ist der geeignete Platz im Hilfsspeicher aufzusuchen, und der eigentliche Transfer vorzunehmen, was im wesentlichen parallel zum übrigen Programmablauf geschieht. Solange ein Transfer mit einem Hilfsspeicher nicht abgeschlossen ist, kann kein neuer Transfer begonnen werden.

Als Hilfsspeicher sind Magnetbänder, rotierende magnetische Speichermedien (Magnetplatte, Magnettrommel, Magnetkarte) und neuerdings auch Massenkernspeicher gebräuchlich, die sämtlich ihre besondere Arbeitscharakteristik besitzen.

5.4.1. Benutzen von Magnetbändern

Ein Magnetbandgerät können wir zunächst mit einem Tonbandgerät vergleichen. Durch Beschriftungslücken getrennt nimmt ein Magnetband Informationsblöcke (Bandfelder, records) auf. Das **Bandfeld** ist diejenige Informationseinheit, die bei einem Transfer erfaßt wird; Teile eines Bandfeldes können nicht transferiert werden. Ein Bandfeld nimmt ein vollständiges Feld (gemäß seiner Deklaration im Algolprogramm) auf und wird durch die Angabe einer Zeichenkette, die ebenfalls in dem Bandfeld aufgeschrieben ist, identifiziert. Mehrere Bandfelder können zu einem **Bandabschnitt** (Datei, file) zusammengefaßt werden, der ebenfalls durch eine Zeichenkette identifiziert wird. Eine Bandspule enthält nicht mehr als einen Bandabschnitt; der Bandabschnitt kann sich aber über mehrere Spulen erstrecken. Man kann i. a. mit ebensoviel Bandabschnitten gleichzeitig arbeiten wie Magnetbandgeräte zur Verfügung stehen. Die Geräte bzw. Bandabschnitte werden durch sogenannte Kanalnummern identifiziert.

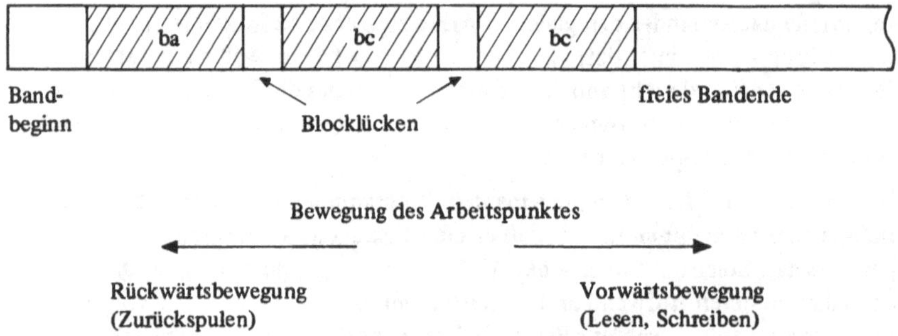

Im Gegensatz zu einem Tonbandgerät ist bei den hohen Bandgeschwindigkeiten der Magnetbandgeräte eine konstante Bandgeschwindigkeit technisch nicht einzuhalten. Es ist daher nicht möglich, ein Bandfeld (mit der gleichen Informationsmenge) neu zu beschreiben, da die erforderliche Bandlänge bei verschiedenen Beschriftungsvorgängen verschieden sein kann. Dies hat auch zur Folge, daß nach einem Schreibvorgang alle hinter dem abgesetzten Bandfeld liegenden Bandfelder nicht mehr zugänglich sind. Hinter dem zeitlich zuletzt abgesetzten Bandfeld liegt also immer frei verfügbares Band.

Verschiedene Bandfelder dürfen die gleiche Identifikation tragen; sie können dann nur durch ihre relative Lage zueinander identifiziert werden.

Der Lese/Schreibkopf eines Magnetbandgerätes befindet sich bei ruhendem Band entweder in einer Blocklücke oder am Bandbeginn oder am freien Bandende. Wir nennen die Lage des Lese/Schreibkopfes auf dem Band **Arbeitspunkt** (AP).

Ungefähre technische Angaben: Bandlänge ca. 1000 m;
Bandgeschwindigkeit ca. 2 m/sec (schneller beim Zurückspulen);
Transferrate ca. 2500 Gleitpunktzahlen/sec;
Aufnahmefähigkeit einer Bandspule durchschnittlich 500000 Gleitpunktzahlen (abhängig von der Anzahl von Blocklücken).
Es gibt Bandgeräte, die auch rückwärts lesen können.

Programmtechnisch benutzt man Magnetbänder mit Hilfe von standardisierten Prozeduren oder Code-Prozeduren, die von Compiler zu Compiler verschieden sind. Wir geben einige solche Prozeduren an. Dabei sind Bandgeräte angenommen, die nur bei Vorwärtsbewegung lesen können.

procedure use (channel, filename);
  value channel; **integer** channel; **string** filename;
  Wirkung: *Die mit „filename" beschriftete Bandspule (Bandabschnitt) wird unter der Kanalnummer „channel" dem Algolprogramm zur Verfügung gestellt. Der AP liegt auf Bandbeginn.*

procedure create (channel, filename);
  . . . . ;
  Wirkung: *Eine freie Bandspule wird mit „filename" als Identifikation für einen Bandabschnitt beschriftet und dem Algolprogramm unter der Kanalnummer „channel" zur Verfügung gestellt. Der AP liegt auf Bandbeginn.*

procedure writearray (channel, array, recordname);
  value channel; **integer** channel; **array** array;
  string recordname;
  Wirkung: *Am AP beginnend wird das Feld „array" als Bandfeld mit der Bezeichnung „recordname" auf dem durch „channel" identifizierten Bandabschnitt abgesetzt. Der AP rückt dabei vorwärts und definiert das freie Bandende.*

procedure readarray (channel, array, recordname);

......;

Wirkung: *Beginnend am AP wird auf dem durch „channel" identifizierten Bandabschnitt das nächste Bandfeld untersucht und in das „array" übertragen, falls es das gesuchte mit der Bezeichnung „recordname" ist. Andernfalls wird das Band an den Bandbeginn zurückgespult, von Beginn an gelesen und das erste Bandfeld mit der Bezeichnung „recordname" wird in das „array" übertragen. Das gelesene Bandfeld liegt hinter dem neuen AP.*

procedure rewind (channel);

Wirkung: *Das durch „channel" identifizierte Band wird zurückgespult, der neue AP liegt auf dem Bandbeginn.*

Wir erwähnten bereits, daß Bandtransport und Transfer von Information parallel zum Programmlauf geschehen können. Das bedeutet aber, daß Kollisionen passieren können, wenn ein Feld, für das ein Transfer stattfindet, vom Programmierer angesprochen wird: *Ist die abgerufene Information schon vollständig eingefüllt? Ist die abzulegende Information schon übertragen, bevor das Feld neu beschrieben wird?* Zur Vermeidung solcher Kollisionen sind automatische Maßnahmen oder programmtechnische Maßnahmen (geeignete Abfragen) möglich. Für unsere Prozeduren readarray und writearray soll gelten, daß sie nicht parallel zum weiteren Programmlauf arbeiten können. Damit ist der vollständige Transfer automatisch gesichert, wobei aber Wartezeiten unvermeidbar sind. Wenn Magnetbandarbeiten in größerem Umfang vorzunehmen sind, dann wäre ein Prozedurensystem vorzuziehen, bei dem readarray und writearray parallel zum übrigen Programm laufen. Die Sicherung vor Kollisionen wäre dann durch geeignete Abfragen Aufgabe des Programmierers. Überdies wäre dann die Möglichkeit für eine Puffertechnik gegeben, bei der Informationen auf Vorrat gehalten werden, bevor sie weiterverarbeitet oder weitergeleitet werden.

Beim Programmieren kommt es nun darauf an, das Absetzen und das Abrufen von Bandfeldern so zu organisieren, daß die Wartezeiten minimal sind. Dies erreicht man dadurch, daß Bandbewegungen überhaupt gering gehalten werden, und daß nötige Bandtransporte so rechtzeitig veranlaßt werden, daß während der Bandbewegung andere Rechenarbeiten erledigt werden können. Sorgfältige Abschätzungen des Zeitbedarfs sind (mit Unterstützung von Fachleuten) nötig.

Beispiel: *Ein mit „matrixa" beschriftetes Band (Bandabschnitt) enthält eine Matrix* a[1 : 250, 1 : 30], *und zwar sind die 30 Spalten dieser Matrix nacheinander als Bandfelder mit den gleichen Bezeichnungen „spalte" geschrieben. Durch spaltenweise Bearbeitung dieser Matrix entstehe eine neue Matrix* ab[1 : 250, 1 : 30], *die ebenfalls spaltenweise vor (zeitlich nach) der Matrix* a *aufzuzeichnen ist.*

Zur Lösung der Aufgabe wird ein zweiter Bandabschnitt (Band) mit leerer Beschriftung auf einem zweiten Bandgerät benutzt, um das ständige Hin-und-herspulen (lies Matrixspalte – setze neue Matrixspalte am Bandende ab!) zu vermeiden.

```
begin integer i; array sa, sab[1 : 250];
      ......
      comment der bediener hat die spule matrixa aufgelegt;
      use (100, '(' matrixa ')');
      create (101, '(' ')');
   l1: for i := 1 step 1 until 30 do
      begin readarray (100, sa,'(' spalte ')');
            ....; comment bearbeitung von sa,
            dabei wird sab gefüllt;
            writearray (101, sab,'(' g ')' );
      end;
      rewind (101); ....;
      comment während des rückspulens von 101 eventuell weitere arbeiten;
      ......
      for i := 1 step 1 until 30 do
      begin readarray (101, sab,'(' g ')');
            writearray (100, sab, '(' spalteab ')');
      end   die bandfelder von 101 werden nacheinander gelesen und auf 100
      gesetzt (kopiert);
      ......
end
```

Bemerkung: Es entstehen Wartezeiten in Höhe der Transferzeit für readarray und writearray. Wir können sie nicht vermeiden, da sie durch die Prozeduren selbst impliziert sind.

Beispiel: Um eine **Puffertechnik** demonstrieren zu können, nehmen wir einmal an, daß readarray und writearray parallel zum übrigen Programmlauf arbeiten, und daß die Bearbeitungszeit in der mit l1 markierten Laufanweisung in der Größenordnung der Transferzeiten liegt. Die Bearbeitungszeit soll für parallel stattfindenden Transfer ausgenützt werden. Der Aufruf einer

procedure wait (channel);

verursache eine Verzögerung, bis ein Transfer auf dem durch „channel" genannten Gerät abgeschlossen ist. Damit können wir Kollisionen zwischen Bearbeitung und Transfer eines Feldes vermeiden. Die Felder sa1, sa2, sab1, sab2 dienen als Puffer, in denen Informationen bevorratet werden.

```
begin integer j; array sa1, sa2, sab1, sab2[1 : 250];
      boolean weiche; ...;
      ...;
      use (100, '(' matrixa ')'); create (101, '(' ')');
```

```
        weiche := true;
        readarray (100, sa2, '(' spalte ')');
l1:     for j := 1 step 1 until 30 do
        begin wait (100);
              if j = 30 then goto arbeit;
              if weiche then readarray (100, sa1, '(' spalte ')')
                        else readarray (100, sa2, '(' spalte ')');
   arbeit:    if weiche then
              begin
                        comment bearbeitung von sa2, sab2 wird gefuellt; . . .;
              end
              else
              begin
                        comment bearbeitung von sa1, sab1 wird gefuellt; . . .;
              end;
              wait (101);
              if weiche then writearray (101, sab2, '(' q ')')
                        else writearray (101, sab1, '(' q ')');
              weiche := ¬weiche
        end;
        . . .
```

5.4.2. Benutzen von Hilfsspeichern mit wahlfreiem Zugriff

Die Zugriffszeit für Bandfelder, das ist die Zeit vom Ansprechen des Bandgeräts bis zum Beginn des eigentlichen Informationstransfers, hängt von der Lage des Arbeitspunktes relativ zum gesuchten Bandfeld ab; sie schwankt in Grenzen von Sekunden bis Minuten. Um ein bestimmtes Bandfeld aufzusuchen, müssen **nacheinander** die Identifikationen von Bandfeldern geprüft werden, bis das gesuchte Feld gefunden ist. Man spricht daher von einem **sequentiellen Zugriff.** Von einem **wahlfreien Zugriff** (random access) spricht man dann, wenn die Zugriffszeit für jede Informationseinheit des Speichers in engen Grenzen nahezu gleich ist. Für den Arbeitsspeicher des Rechenautomaten gilt wahlfreier Zugriff; die Zugriffszeit ist für jeden Speicherplatz die gleiche. Trommel, Magnetplatte, Magnetkarte, Massenkernspeicher haben ebenfalls wahlfreien Zugriff. Ist z. B. ein Lese/Schreibkopf über einer sich drehenden Magnetplatte angeordnet, dann ist die Zugriffszeit für alle von dem Kopf überstrichenen Informationen im Mittel gleich der halben Umdrehungszeit der Platte (in der Praxis ca. 0.030 sec).

Auch für die oben genannten Hilfsspeicher gilt, daß sie blockweise übertragen. (Daß dabei die Blocklängen nicht wie beim Magnetband variabel sind, braucht den Programmierer nicht zu interessieren). Was bei der Arbeit mit Magnetbändern sehr unwirtschaftlich wäre, nämlich dem Programmierer Dienstprogramme zur Verfügung zu stellen, mit Hilfe derer er Teile von Bandfeldern ansprechen kann, führt bei Speichern mit wahlfreiem Zugriff zu einem erträglichen Aufwand. Wir beschreiben als Beispiel eine Organisationsform dieser Hilfsspeicher zusammen mit den dafür geeigneten Prozeduren.

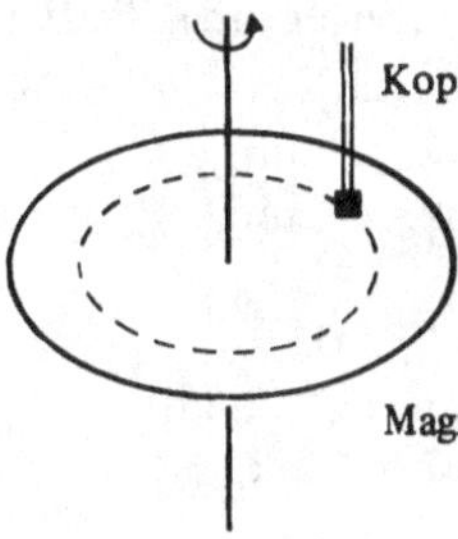

Durch den Aufruf einer Prozedur store wird dem Programmierer ein **Speicherabschnitt** (analog dem Bandabschnitt) im Hilfsspeicher verfügbar gemacht. Die Speicherplätze eines solchen Speicherabschnitts sind von 1 an laufend durchnumeriert (adressiert). Jeder solcher Speicherplatz kann einen Zahlenwert aufnehmen. Mehrere Speicherabschnitte können einem Algolprogramm zugeordnet werden.

procedure store (channel, p); **value** channel, p;
integer channel, p;

Wirkung: *Unter der Kanalnummer „channel" wird dem Programm ein Speicherabschnitt von „p" Plätzen zugeordnet.*
Adressierung: 1, 2,. . ., p - 1, p

Felder können in diesem Speicherabschnitt abgelegt und wieder gelesen werden. Die Verwaltung der Speicherplätze liegt allein beim Programmierer. Selbst einzelne Plätze können beschrieben, gelesen und, im Gegensatz zu Bandfeldern, wieder überschrieben werden.

procedure putarray (channel, k, a); **value** channel, k;
integer channel, k; **array** a;

Wirkung: *Das Feld „a" wird, beginnend bei Adresse „k", in dem durch „channel" identifizierten Speicherabschnitt abgelegt.*

Dazu muß der Programmierer wissen, daß das Feld „a" soviel Plätze einnimmt, wie es, gemäß seiner Deklaration, Werte besitzt.

procedure getarray (channel, k, a); **value** channel, k;
integer channel, k; **array** a;

Wirkung: *Bei Adresse „k" beginnend werden aus dem durch „channel" identifizierten Speicherabschnitt Werte in das Feld „a" bis zu seiner Füllung übertragen.*

Zur Verwaltung eines Speicherabschnitts ist es entscheidend zu wissen, daß die Werte eines Feldes im Arbeitsspeicher wie im Hilfsspeicher in gleicher Weise angeordnet sind, nämlich in lexikographischer Ordnung ihrer Indices lückenlos nacheinander. Ein Feld

```
a[u1 : o1, u2 : o2, . . ., un : on]
```

ist wie folgt gespeichert: (Man sagt: „Erster Index läuft zuerst.")

```
a[u1, u2, . . ., un]
a[u1 + 1, u2, . . ., un]
a[u1 + 2, u2, . . ., un]
. . . . . .
a[o1, u2, . . ., un]
a[u1, u2 + 1, u3, . . ., un]
a[u1 + 1, u2 + 1, u3, . . ., un]
. . . . . .
a[o1, u2 + 1, u3, . . ., un]
a[u1, u2 + 2, u3, . . ., un]
. . . . . .
a[o1, o2, . . ., on]
```

Es können auch Teile von Feldern angesprochen werden, da im Hilfsspeicher eine Adressierung möglich ist:

```
procedure getpart (channel, k, w1, w2, a);
    value channel, k; integer channel, k; real w1, w2; array a;
```

Wirkung: *Die Feldelemente von Feld „a" werden, beginnend mit „w1" und fortlaufend bis „w2" aus dem durch „channel" gekennzeichneten Speicherbereich gefüllt; „w1" erhält den an Adresse „k" stehenden Wert.*

Wie bei den analogen Prozeduren für Magnetbänder gelte, daß ein Aufruf der genannten Prozeduren den vollständigen Transfer umfaßt. Die dadurch entstehenden Wartezeiten sind verhältnismäßig gering. Sie liegen je nach Länge des zu übertragenden Informationsblocks in der Größenordnung von Millisekunden (Zugriffszeit) bis Sekunden.

Beispiel: Es seien erklärt **array** a[1 : 30, 1 : 50], b[1 : 30], c[1 : 50].

Durch store (13, 10000);

wird ein Speicherabschnitt von *10000* Plätzen unter der Nummer *13* bereitgestellt.

Durch putarray (13, 500, a);

wird das Feld a auf Platz 500 beginnend im Speicherbereich abgelegt, und zwar auf den Plätzen

$k = 500$	a[1,1]
$k = 501$	a[2,1]

...	...
$k = 529$	a[30,1]
$k = 530$	a[1,2]
...	...
$k = 559$	a[30,2]
...	...
$k = 1970$	a[1,50]
...	...
$k = 1999$	a[30,50]

Durch getpart (13, 500, b[1], b[30], b);
wird die erste Spalte (Werte $a[1,1], \ldots, a[30,1]$) des im Speicherbereich abgelegten Feldes a in das Feld b übertragen.

Durch getpart (13, 530, b[1], b[10], b);
werden die ersten *10* Elemente von b mit den *10* Werten $a[1,2], \ldots, a[10,2]$ der zweiten Spalte von a gefüllt.

Durch

```
i := 500;
for j := 1 step 1 until 50 do
begin getpart (13, i, c[j], c[j], c)
      i := i + 30
end;
```

wird die erste Zeile von a in das Feld c gefüllt. Dies muß elementweise geschehen, was ein Mißbrauch des blockweise übertragenden Gerätes ist.

Beispiel: *Es sind maximal 50000 Zahlenpaare x, y zu lesen, das Ende des Einlesens wird durch das Zahlenpaar 0, 0 signalisiert. Es ist die Anzahl der Zahlenpaare festzustellen. Die gelesenen Werte sind in zwei Gruppen im Hilfsspeicher abzulegen.*
Gruppe 1: Werte mit $1.0 \leqslant y < 10.0$
Gruppe 2: Werte mit $10.0 \leqslant y < 100.0$

Wertepaare mit $y < 1.0$ *oder* $y \geqslant 100.0$ *sind zu übergehen. Die Anzahlen n1, n2 der Wertepaare in den einzelnen Gruppen sind festzustellen.*

Diskussion: Da die Anzahl von Elementen für die beiden Gruppen nicht bekannt ist, eröffnen wir für jede Gruppe einen Speicherabschnitt von 2×50000 Plätzen. Beim Einlesen sortieren wir die Wertepaare nach ihrer Gruppenzugehörigkeit in die einzelnen Abschnitte, wobei wir Felder von *400* Elementen für den Transfer vorsehen. Nachdem so der Umfang der Gruppen festgestellt ist, übertragen wir sie in einen **passenden** dritten Speicherabschnitt und können danach die ersten beiden Speicherabschnitte freigeben.

```
begin integer i1,i2,j,k,k1,n1,n2,z1,z2;
      real x,y;
      array g1,g2 [1 : 400];
      comment  felder g1 und g2 für transfer,
               i1 und i2 indices in diesen feldern,
               k1 und k2 adressen in den speicherabschnitten,
               z1 und z2 anzahl blöcke zu je 400 werten,
               n1 und n2 anzahlen von wertepaaren;
      store (1,100000);
      store (2,100000);
      k1 := k2 := 1;
      z1 := z2 := n1 := n2 := i1 := i2 := 0;
lesen: x := read; y := read;
      if x = 0.0 ∧ y = 0.0 then goto teil2;
      if y < 1.0 ∨ y ⩾ 100.0 then goto lesen;
l1:   if y < 10.0 then
      begin n1 := n1 + 1; i1 := i1 + 2;
            g1[i1 - 1] := x; g1[i1] := y;
            if i1 = 400 then begin  putarray (1,k1,g1);
                                    k1 := k1 + 400; i1 := 0;
                                    z1 := z1 + 1
                             end;
            goto lesen
      end;

l2:;  comment y < 100.0;
      begin n2 := n2 + 1; i2 := i2 + 2;
            g2[i2 - 1] := x; g2[i2] := y;
            if i2 = 400 then begin  putarray (2,k2,g2);
                                    k2 := k2 + 400; i2 := 0;
                                    z2 := z2 + 1
                             end;
            goto lesen
      end;

teil2:;
      comment eventuell vorhandene reste uebertragen, dabei felder g1 und g2
            mit 0 auffuellen;
      if i1 ≠ 0 then
      begin for j := i1 + 1 step 1 until 400 do g1[j] := 0.0;
            z1 := z1 + 1; putarray (1,k1, g1)
      end;
```

```
    if i2 ≠ 0 then
    begin for j := i2 + 1 step 1 until 400 do g2[j] := 0.0;
          z2 := z2 + 1; putarray (2,k2,g2)
    end;

    store (3,(z1 + z2) × 400);
    k := k1 := 1;
    for j := z1 step - 1 until 1 do
    begin getarray (1,k1,g1);
          putarray (3,k,g1);
          k1 := k1 + 400; k := k + 400
    end;
    k2 := 1;
    for j := z2 step - 1 until 1 do
    begin getarray (2,k2,g2);
          putarray (3,k,g2);
          k2 := k2 + 400; k := k + 400
    end;
    comment erster Wert von Gruppe 1 liegt in Speicherabschnitt 3 auf Platz 1,
                erster Wert von Gruppe 2 auf Platz  1 + 400 × z1;
end
```

Diese Lösung sollte zu weiteren Diskussionen Anlaß geben. Ist eine ähnliche Aufgabe für mehrere Gruppen zu lösen, dann ist das Programm zu straffen (Prozeduraufrufe statt der mit l1 und l2 markierten Anweisungen). Ferner wird diese einfache Lösung wegen zu hohem Speicherbedarf nicht mehr durchzuführen sein. Man könnte die Werte auf ein Magnetband schreiben und dabei den Umfang der Gruppen feststellen. Dann würden die Werte vom Magnetband erneut gelesen und in einen passenden Speicherabschnitt nach Gruppenzugehörigkeit einsortiert werden.

Anhang

A Lösungen zu den Aufgaben

Zu 2.9.

1. a) (1042 × g + $_{10}$5)/(4568 × g + $_{10}$5)
   b) a × b / (c + 2.0)
   c) (y/x) ↑ (n - 1)
   d) phi + 10 ↑ n
   e) 16.9 + 3 × exp(- 0.5), besser 3.0 × exp(- 0.5)
   f) 2.3 × alpha/beta
   g) y × 10 ↑ (1.5) Unmöglich wäre $_{10}$1.5

2. a × b/c
   a/(b × c) *oder* a/b/c
   (a + x) × b/y
   a + b ↑ (i + 2) × b/c, *auch* a + b ↑ (i + 3)/c
   a × b/(c × d/(e + f))
   (a + b + c × d ↑ 2)/((a + 7.9) ↑ (i - 1) + b/(c + d))

3. 23000.o *oder* 2.3$_{10}$4 500 *oder* 5$_{10}$2
   0.06 64
   .01 - 0.1
   1.0 + 0.05
   1 0

4. a) z := x ↑ (2 × x) + y /(a × x + b);
   b) a2 := ln (a × a);
      z := - sqrt(abs (a2)) + exp (a2 / 3.0);
   c) z := 1.0 + x × (1.0 + x / 2.0 × (1.0 + x / 3.0));
   d) z := i / 2.0 / m × (p / c / r) ↑ 2;
   e) h := s × (1.0 - cos (a));
      z := 1.0 + h ↑ 2 / (1.0 + h);
   f) z := arctan (exp (m × x)) / (m × sqrt (a × b));
   g) z := x ↑ (- 2) + y ↑ (- 2);

5. a) 1b ist kein Name
   b) Richtig: x ↑ (- 2)
   c) r + 1 ist keine Variable
   d) Klammerstruktur ist falsch: print (a + b, 4, 3)
   e) z := a × $_{10}$- 2 + b1 ↑ 3
   f) kein Fehler
   g) Richtig nur, wenn eine Funktion arcsin erklärt ist

6. Deklaration von a fehlt.

7. Semikolon statt Komma hinter g,
Komma statt Semikolon hinter x, y[0 : 10],
b ist vorher schon als **boolean** deklariert,
in c[5 : 1] ist untere Indexgrenze größer als obere.

8. p[0,0,0] existiert nicht
b[i,i] statt b[i : i]
g[10,10, . . .], drei Indexpositionen sind anzugeben
b[2, 3 × (i + 1)], eckige Klammer fehlt
a[1] statt a(1)
a[0] existiert nicht

9.
a)	10 **integer**		
b)	- 2 **integer**		
c)	1.0 **real**	d)	1.0 **real**
e)	4 **integer**	f)	4.0 **real**
g)	5.0 **real**	h)	1 **integer**
i)	x ÷ b unmöglich	j)	1.5 **real**
k)	0.0 **real**	l)	0.25 **real**
m)	unmöglich	n)	2.0 **real**

10. a) x und a sind nicht vom gleichen Typ
b) *3* **integer**
c) Vermutlich wird der Zahlenbereich für den Typ **integer** überschritten.
d) a := entier(x + 0.5) und a := entier(x)

11. m erhält den Wert des absolut größten a[i].

12.
```
begin real xl, xr, yl, yr, x, y, eps;
      eps := read; xl := 0.3; xr := 0.5;
      yl := xl ↑ 2 - ln(xl + 1.0)/2.0; yr := xr ↑ 2 - ln(xr + 1.0)/2.0;
w:    x := (xr + xl)/2.0; y := x ↑ 2 - ln(x + 1.0)/2.0;
      if y ≤ 0 then begin xl := x; yl := y end;
      if y > 0 then begin xr := x; yr := y end;
      if xr - xl > eps then goto w;

      newline (1); print (xl,0,6); print (yl,0,10);
      newline (1); print (xr,0,6); print (yr,0,10)
end
```

Eingabe: $_{10}$- 5
Ausgabe: .417792$_{10}$0 - .3323584678$_{10}$- 7
.417798$_{10}$0 .2615211997$_{10}$- 6

Zu 3.9.

1. **for** i := n - 1 **step** - 1 **until** 1 **do**
   if i ≠ k **then** a[i] := i;
   ex:

2. *0 0 1* ... *1*
   0 0 0
   1 0 0
   ... *1*
   ... *0*
   1 ... *1 0 0*

   Die Hauptdiagonale und die beiden Nebendiagonalen werden mit *0*, die übrigen Teile mit *1* besetzt

3. a) **goto** in : Sprung in Laufanweisung
   b) Boolesche Ausdrücke sind als Element einer Laufliste nicht zulässig.

4. Der Fall $i1 = i2 = j1 = j2 = 1$ liefert das „Rechteck" a[1,1]

5. Syntaxfehler: Vor Marke ex: fehlt ein Semikolon.
   Syntaxfehler: Vor **else** steht Semikolon.
   Verfahrensfehler: Falls abs(a[1]- b) < eps, dann wird nach ex gesprungen, andernfalls wird die Laufanweisung erneut begonnen.

6. (2) **goto** lab; Marke nur im inneren Block erklärt.
   (3) **array** a[0 : n]; Variable n ist im gleichen Block erklärt und erhielt noch keinen Wert.
   (5) In diesem Block ist a der Name eines Feldes.
   (8) i ist nicht erklärt in diesem Block.
   (8) a ist in diesem Block der Name einer Variablen.
   (8) **step** fehlt.

7.
```
begin integer i, j, n; . . .
   n := read;
begin array a[1 : n, 1 : n];
   for i := 1 step 1 until n do
   begin for j := 1 step 1 until i do a[i,j] := read;
         for j := i + 1 step 1 until n do a[i,j] := 0.0
   end; . . .
end . . .
end
```

8. a) *1* b) *7* c) *2*

9. Im ersten Fall erhält diff die Werte $b - a$ oder $a - b$,
   im zweiten Falle $b - a$ oder $-diff$, wobei nicht $diff = b - a$ zu sein braucht.

10. a) r = s ∧ s = t
    b) 10.0 + (**if** r < s **then** r **else** s)
    c) Alternative fehlt für den bedingten arithmetischen Ausdruck hinter **else**; richtig: **then** b **else** . . .
    d) n := 1 ist kein Zielausdruck

11. a) **comment** hier unzulässig
    Richtig: lab:; **comment**
    b) suche ein b. ist keine Anweisung und kein Kommentar.
    Richtig: **end** kein a, suche ein b;

12. Der Verteiler und eine Marke haben den gleichen Namen s. Für *n = 4* ist **goto** s[n] nicht erklärt.

13. Zu Beginn der Laufanweisung (i := i + 1) hat i keinen definierten Wert.

14. Siehe Abbildung 26 in 5.1.

Zu 4.6.

1.
```
boolean procedure prim (n); value n; integer n;
begin integer t,sq;
        if n ⩽ 3 then goto m3;
        if n = 2 × (n ÷ 2) then goto m4;
        t := 3;
        sq := sqrt (n);
m5:     if t > sq then goto m3;
        if n = t × (n ÷ t) then goto m4;
        t := t + 2; goto m5;
m4:     prim := false; goto ex;
m3:     prim := true ;
ex:
end;
```

2.
```
real procedure max (a,n);
value n; integer n; array a;
begin integer i; real ma;
        ma := a[1];
        for i := 2 step 1 until n do
            if a[i] > ma then ma := a[i];
        max := ma
end;
```

3.
```
boolean procedure sym (feld,n);
value n; integer n; integer array feld;
begin integer i,j;
        for i := 2 step 1 until n do
        for j := i - 1 step - 1 until 1 do
            if feld[i,j] ≠ feld[j,i] then
                begin sym := false; goto ex end;
        sym := true;
ex:
end;
```

4.
```
procedure red (a,n,t,c); value n,t,a;             | value n,t;
integer n; real t; array a,c;                     |
begin integer i;                                  | real p; p := a[0];
        for i := 0 step 1 until n - 1 do          |
        begin c[i] := a[i];                       | c[i] := p;
                a[i + 1] := a [i + 1] + t × c[i]  | p := a[i + 1] + t × c[i]
        end                                       |
end;                                              |
```

Bemerkung: Damit das Verfahren erkennbar bleibt, wurde eine (lokale) Änderung von a programmiert. Danebenstehend eine bessere Fassung.

5.
```
integer procedure tag (t,m,j);
value j,t,m; integer t,m,j;
comment globales Feld monat [1 : 12] mit Werten 0,31,59,90,120,151,181,
            212,243,273,304,334;
tag := monat [m] + t + (if (j ÷ 4) × 4 = j ∧ m > 2 then 1 else 0);
```

Beispiel: tag (2,10,1968) *liefert 276*

6.
```
real procedure trapez1 (a,b,n,fx,x);
value a,b,n; integer n; real a,b,fx,x;
begin integer i; real h,s;
        h := (b - a) / n; x := b; s := fx; x := a; s := (s + fx) / 2.0;
        for i := n - 1 step - 1 until 1 do
        begin x := x + h; s := s + fx end;
        trapez1 := s × h
end trapez1;
```

Aufrufbeispiele:
```
int := trapez1 (0,3.14,10,sin(x),x);
int := trapez1 (r1,r2,100,g(u,alpha),u);
```

7. Zu verbessern: **value** u, v;
   Falsch: Prozedurname g ist Rechengröße in g × exp(v)
   Richtig:
```
g := if v ≥ 1.0 then sin(u) + u ↑ 2
                else (sin(u) + u ↑ 2) × exp(v);
```

8. Zu verbessern: **value** n;
   i sollte lokale Größe sein.
   Falsch: skal ist Rechengröße
   Spezifikation muß lauten **array** x, y;

9. a) möglich
   b) nicht möglich, da c zweidimensional
   c) nicht möglich, da x[6] und y[6] nicht existieren
   d) nicht möglich, da bb und aa **integer array** sind, wogegen **array** spezifiziert ist.

10. Die Funktionsprozedur ändert das Argument; nicht zu empfehlen.

11. full ist **value** spezifiziert; deswegen kann der entsprechende aktuelle Parameter nicht verändert werden. n wird im Prozedurkörper nicht gebraucht.

12.
```
begin
      procedure helf (v); real v; v := read;
      begin
            procedure read (v); real v; helf (v);
      begin comment programm fuer cb, es enthaelt anweisungen der art
            read (v);
```

13.
```
┌─ for j :=1 step 1 until u [3] do
│  begin i [3] := j;
│┌─ for j := 1 step 1 until u [2] do
││  begin i [2] := j;
││┌─ for j := 1 step 1 until u [1] do
│││  begin i [1] := j;
│││        compound
││└─ end
│└── end
└─── end;
```

Die rekursiv erklärte Prozedur fors gestattet es, eine beliebige Anzahl *n* von Laufvorschriften über eine auszuführende Anweisung compound zu setzen, etwa der Gestalt *für* i_n *von 1 bis* u_n

für i_{n-1} *von 1 bis* u_{n-1}

. . . .

für i_1 *von 1 bis* u_1

führe die Anweisung compound aus.

B Beispiele für standardisierte Prozeduren

read

Funktionsprozedur vom Typ **real**.
Wirkung eines Aufrufs: Es wird ein Zahlenwert vom Eingabemedium gelesen und die Funktion erhält diesen Wert. Anschließend steht auf dem Eingabegerät die nächste Zahl zum Lesen bereit. (Die Zahlen werden in der in Algol üblichen Form dargestellt; voneinander getrennt werden sie durch Komma oder durch zwei (und mehr) Zwischenräume oder durch Übergang zu einer neuen Zeile.)

newline(n)

Anweisungsprozedur.
Wirkung eines Aufrufs: Auf dem Ausgabemedium werden soviel Übergänge auf den Beginn einer neuen Zeile gemacht, als der Wert des Arguments angibt. Als Spezifikation von n denke man sich

value n; **integer** n;

print(x, m, n)

Anweisungsprozedur.
Wirkung eines Aufrufs: Der Wert von x wird auf dem Ausgabemedium ausgedruckt, anschließend zwei Zwischenräume.
Falls $m = 0, n \neq 0$: Ausgabe in Gleitpunktform mit n-stelliger Mantisse.
Falls $m \neq 0, n \neq 0$: Ausgabe mit Dezimalpunkt, und zwar m Stellen vor, n Stellen nach dem Dezimalpunkt.
Falls $m \neq 0, n = 0$: Ausgabe als ganze Zahl mit m Stellen.
Als Spezifikation für x, m, n denke man sich

value x, m, n; **integer** m, n; **real** x;

space(n)

Anweisungsprozedur.
Wirkung eines Aufrufs: Auf dem Ausgabemedium werden soviel Zwischenräume ausgegeben als der Wert des Arguments angibt. Als Spezifikation von n denke man sich

value n; **integer** n;

writetext(s)

Anweisungsprozedur.
Wirkung eines Aufrufs: Die dem formellen Parameter s entsprechende Zeichenkette wird (ohne die Kettenzeichen '(' ')') ausgedruckt. Als Spezifikation von s denke man sich

string s;

even(n)

Funktionsprozedur vom Typ **integer**.

Wirkung eines Aufrufs: Die Funktion liefert den Wert $(-1)^n$, wobei für n die Spezifikation

value n; **integer** n;

zu denken ist.

Es muß $n \geqslant o$ sein. Die Prozedur even liefert den Wert $(-1)^n$ schneller als der Ausdruck (- 1) ↑ n.

C Revised Report on the Algorithmic Language ALGOL 60*

By *J. W. Backus, F. L. Bauer, J. Green, C. Katz, J. McCarthy, P. Naur, A. J. Perlis, H. Rutishauser, K. Samelson, B. Vauquois, J. H. Wegstein, A. van Wijngaarden, M. Woodger.*

Edited by *Peter Naur*

Dedicated to the memory of *William Turanski*

Summary

The report gives a complete defining description of the international algorithmic language ALGOL 60. This is a language suitable for expressing a large class of numerical processes in a form sufficiently concise for direct automatic translation into the language of programmed automatic computers.

The introduction contains an account of the preparatory work leading up to the final conference, where the language was defined. In addition the notions reference language, publication language, and hardware representations are explained.

In the first chapter a survey of the basic constituents and features of the language is given, and the formal notation, by which the syntactic structure is defined, is explained.

The second chapter lists all the basic symbols, and the syntactic units known as identifiers, numbers, and strings are defined. Further some important notions such as quantity and value are defined.

The third chapter explains the rules for forming expressions and the meaning of these expressions. Three different types of expressions exist: arithmetic, Boolean (logical), and designational.

The fourth chapter describes the operational units of the language, known as statements. The basic statements are: assignment statements (evaluation of a formula), go to statements (explicit break of the sequence of execution of statements), dummy statements, and procedure statements (call for execution of a closed process, defined by a procedure declaration). The formation of more complex structures, having statement character, is explained. These include: conditional statements, for statements, compound statements, and blocks.

In the fifth chapter the units known as declarations, serving for defining permanent properties of the units entering into a process described in the language, are defined.

The report ends with two detailed examples of the use of the language and an alphabetic index of definitions.

Aus: „*Numerische Mathematik" 4, 420–453 (1063)*

Introduction

Background

After the publication[1,2] of a preliminary report on the algorithmic language ALGOL, as prepared at a conference in Zürich in 1958, much interest in the ALGOL language developed.

As a result of an informal meeting held at Mainz in November 1958, about forty interested persons from several European countries held an ALGOL implementation conference in Copenhagen in February 1959. A "hardware group" was formed for working cooperatively right down to the level of the paper tape code. This conference also led to the publication by Regnecentralen, Copenhagen, of an *Algol Bulletin*, edited by PETER NAUR, which served as a forum for further discussion. During the June 1959 ICIP Conference in Paris several meetings, both formal and informal ones, were held. These meetings revealed some misunderstandings as to the intent of the group which was primarily responsible for the formulation of the language, but at the same time made it clear that there exists a wide appreciation of the effort involved. As a result of the discussions it was decided to hold an international meeting in January 1960 for improving the ALGOL language and preparing a final report. At a European ALGOL Conference in Paris in November 1959 which was attended by about fifty people, seven European representatives were selected to attend the January 1960 Conference, and they represent the following organizations: Association Française de Calcul, British Computer Society, Gesellschaft für Angewandte Mathematik und Mechanik, and Nederlands Rekenmachine Genootschap. The seven representatives held a final preparatory meeting at Mainz in December 1959.

Meanwhile, in the United States, anyone who wished to suggest changes or corrections to ALGOL was requested to send his comments to the *Communications of the ACM*, where they were published. These comments then became the basis of consideration for changes in the ALGOL language. Both the SHARE and USE organizations established ALGOL working groups, and both organizations were represented on the ACM Committee on Programming Languages. The ACM Committee met in Washington in November 1959 and considered all comments on ALGOL that had been sent to the ACM *Communications*. Also, seven representatives were selected to attend the January 1960 international conference. These seven representatives held a final preparatory meeting in Boston in December 1959.

January 1960 Conference

The thirteen representatives[3], from Denmark, England, France, Germany, Holland, Switzerland, and the United States, conferred in Paris from January 11 to 16, 1960.

[1] Preliminary report — International Algebraic Language, Comm. Assoc. Comp. Mach. 1, No. 12 (1958), 8.

[2] Report on the Algorithmic Language ALGOL by the ACM Committee on Programming Languages and the GAMM Committee on Programming, edited by A. J. PERLIS and K. SAMELSON, Numerische Mathematik Bd. 1, S. 41—60 (1959).

[3] WILLIAM TURANSKI of the American group was killed by an automobile just prior to the January 1960 Conference.

Prior to this meeting a completely new draft report was worked out from the preliminary report and the recommendations of the preparatory meetings by Peter Naur and the Conference adopted this new form as the basis for its report. The Conference then proceeded to work for agreement on each item of the report. The present report represents the union of the Committee's concepts and the intersection of its agreements.

April 1962 Conference [Edited by M. Woodger]

A meeting of some of the authors of Algol 60 was held on 2nd—3rd April 1962 in Rome, Italy, through the facilities and courtesy of the International Computation Centre. The following were present:

Authors	*Advisers*	*Observer*
F. L. Bauer	M. Paul	W. L. van der Poel
J. Green	R. Franciotti	(Chairman, IFIP TC 2.1
C. Katz	P. Z. Ingerman	Working Group Algol)
R. Kogon (representing J. W. Backus)		
P. Naur		
K. Samelson	G. Seegmüller	
J. H. Wegstein	R. E. Utman	
A. van Wijngaarden		
M. Woodger	P. Landin	

The purpose of the meeting was to correct known errors in, attempt to eliminate apparent ambiguities in, and otherwise clarify the Algol 60 Report. Extensions to the language were not considered at the meeting. Various proposals for correction and clarification that were submitted by interested parties in response to the Questionnaire in *Algol Bulletin* No. 14 were used as a guide.

This report[1] constitutes a supplement to the Algol 60 Report which should resolve a number of difficulties therein. Not all of the questions raised concerning the original report could be resolved. Rather than risk hastily drawn conclusions on a number of subtle points, which might create new ambiguities, the committee decided to report only those points which they unanimously felt could be stated in clear and unambiguous fashion.

Questions concerned with the following areas are left for further consideration by Working Group 2.1 of IFIP, in the expectation that current work on advanced programming languages will lead to better resolution:

1. Side effects of functions.
2. The call by name concept.

[1] [Editor's note: — The present edition follows the text which was approved by the Council of IFIP. Although it is not clear from the Introduction, the present version is the original report of the January 1960 conference modified according to the agreements reached during the April 1962 conference. Thus the report mentioned here is incorporated in the present version. The modifications touch the original report in the following sections: Changes of text: 1 with footnote; 2.1 footnote; 2.3; 2.7; 3.3.3; 3.3.4.2; 4.1.3; 4.2.3; 4.2.4; 4.3.4; 4.7.3; 4.7.3.1; 4.7.3.3; 4.7.5.1; 4.7.5.4; 4.7.6; 5; 5.3.3; 5.3.5; 5.4.3; 5.4.4; 5.4.5. Changes of syntax: 3.4.1; 4.1.1; 4.2.1; 4.5.1.]

3. **own**: static or dynamic.

4. For statement: static or dynamic.

5. Conflict between specification and declaration.

The authors of the ALGOL 60 Report present at the Rome Conference, being aware of the formation of a Working Group on ALGOL by IFIP, accepted that any collective responsibility which they might have with respect to the development, specification, and refinement of the ALGOL language will from now on be transferred to that body.

This report has been reviewed by IFIP TC 2 on Programming Languages in August 1962 and has been approved by the Council of the International Federation for Information Processing.

As with the preliminary ALGOL report, three different levels of language are recognized, namely a Reference Language, a Publication Language, and several Hardware Representations.

Reference Language

1. It is the working language of the committee.

2. It is the defining language.

3. The characters are determined by ease of mutual understanding and not by any computer limitations, coders notation, or pure mathematical notation.

4. It is the basic reference and guide for compiler builders.

5. It is the guide for all hardware representations.

6. It is the guide for transliterating from publication language to any locally appropriate hardware representations.

7. The main publications of the ALGOL language itself will use the reference representation.

Publication Language

1. The publication language admits variations of the reference language according to usage of printing and handwriting (e.g., subscripts, spaces, exponents, Greek letters).

2. It is used for stating and communicating processes.

3. The characters to be used may be different in different countries, but univocal correspondence with reference representation must be secured.

Hardware Representations

1. Each one of these is a condensation of the reference language enforced by the limited number of characters on standard input equipment.

2. Each one of these uses the character set of a particular computer and is the language accepted by a translator for that computer.

3. Each one of these must be accompanied by a special set of rules for transliterating from publication or reference language.

For transliteration between the reference language and a language suitable for publications, among others, the following rules are recommended.

Reference language	*Publication language*
Subscript brackets [ ]	Lowering of the line between the brackets and removal of the brackets.
Exponentiation ↑	Raising of the exponent.
Parentheses ()	Any form of parentheses, brackets, braces.
Basis of ten $_{10}$	Raising of the ten and of the following integral number, inserting of the intended multiplication sign.

Description of the reference language

Was sich überhaupt sagen läßt, läßt sich klar sagen; und wovon man nicht reden kann, darüber muß man schweigen.
LUDWIG WITTGENSTEIN

1. Structure of the language

As stated in the introduction, the algorithmic language has three different kinds of representations—reference, hardware, and publication—and the development described in the sequel is in terms of the reference representation. This means that all objects defined within the language are represented by a given set of symbols—and it is only in the choice of symbols that the other two representations may differ. Structure and content must be the same for all representations.

The purpose of the algorithmic language is to describe computational processes. The basic concept used for the description of calculating rules is the well known arithmetic expression containing as constituents numbers, variables, and functions. From such expressions are compounded, by applying rules of arithmetic composition, self-contained units of the language—explicit formulae—called assignment statements.

To show the flow of computational processes, certain non-arithmetic statements and statement clauses are added which may describe e.g., alternatives, or iterative repetitions of computing statements. Since it is necessary for the function of these statements that one statement refers to another, statements may be provided with labels. A sequence of statements may be enclosed between the statement brackets **begin** and **end** to form a compound statement.

Statements are supported by declarations which are not themselves computing instructions, but inform the translator of the existence and certain properties of objects appearing in statements, such as the class of numbers taken on as values by a variable, the dimension of an array of numbers, or even the set of rules defining a function. A sequence of declarations followed by a sequence of statements and enclosed between **begin** and **end** constitutes a block. Every declaration appears in a block in this way and is valid only for that block.

A program is a block or compound statement which is not contained within another statement and which makes no use of other statements not contained within it.

In the sequel the syntax and semantics of the language will be given[1].

1.1. Formalism for syntactic description

The syntax will be described with the aid of metalinguistic formulae[2]. Their interpretation is best explained by an example:

⟨ab⟩ ::= (| [| ⟨ab⟩(| ⟨ab⟩ ⟨d⟩

Sequences of characters enclosed in the bracket ⟨⟩ represent metalinguistic variables whose values are sequences of symbols. The marks ::= and | (the latter with the meaning of **or**) are metalinguistic connectives. Any mark in a formula, which is not a variable or a connective, denotes itself (or the class of marks which are similar to it). Juxtaposition of marks and/or variables in a formula signifies juxtaposition of the sequences denoted. Thus the formula above gives a recursive rule for the formation of values of the variable ⟨ab⟩. It indicates that ⟨ab⟩ may have the value (or [or that given some legitimate value of ⟨ab⟩, another may be formed by following it with the character (or by following it with some value of the variable ⟨d⟩. If the values of ⟨d⟩ are the decimal digits, some values of ⟨ab⟩ are:

[(((1(37(
(12345(
(((
[86

In order to facilitate the study, the symbols used for distinguishing the metalinguistic variables (i.e. the sequences of characters appearing within the brackets ⟨⟩ as ab in the above example) have been chosen to be words describing approximately the nature of the corresponding variable. Where words which have appeared in this manner are used elsewhere in the text they will refer to the corresponding syntactic definition. In addition some formulae have been given in more than one place.

Definition:
⟨empty⟩::=
(i.e. the null string of symbols).

2. Basic symbols, identifiers, numbers, and strings. Basic concepts

The reference language is built up from the following basic symbols:

⟨basic symbol⟩::=⟨letter⟩|⟨digit⟩|⟨logical value⟩|⟨delimiter⟩

2.1. Letters

⟨letter⟩::= *a|b|c|d|e|f|g|h|i|j|k|l|m|n|o|p|q|r|s|t|u|v|w|x|y|z|*
A|B|C|D|E|F|G|H|I|J|K|L|M|N|O|P|Q|R|S|T|U|V|W|X|Y|Z

[1] Whenever the precision of arithmetic is stated as being in general not specified, or the outcome of a certain process is left undefined or said to be undefined, this is to be interpreted in the sense that a program only fully defines a computational process if the accompanying information specifies the precision assumed, the kind of arithmetic assumed, and the course of action to be taken in all such cases as may occur during the execution of the computation.

[2] Cf. J. W. Backus, The syntax and semantics of the proposed international algebraic language of the Zürich ACM-GAMM conference. ICIP Paris, June 1959.

This alphabet may arbitrarily be restricted, or extended with any other distinctive character (i.e. character not coinciding with any digit, logical value or delimiter).

Letters do not have individual meaning. They are used for forming identifiers and strings[1] (cf. sections 2.4. Identifiers, 2.6. Strings).

2.2.1. Digits

⟨digit⟩::= *0*|*1*|*2*|*3*|*4*|*5*|*6*|*7*|*8*|*9*

Digits are used for forming numbers, identifiers, and strings.

2.2.2. Logical values

⟨logical value⟩::= **true**|**false**

The logical values have a fixed obvious meaning.

2.3. Delimiters

⟨delimiter⟩::= ⟨operator⟩|⟨separator⟩|⟨bracket⟩|⟨declarator⟩|⟨specificator⟩
⟨operator⟩::= ⟨arithmetic operator⟩|⟨relational operator⟩|⟨logical operator⟩|
⟨sequential operator⟩
⟨arithmetic operator⟩::= + | − | × | / | ÷ | ↑
⟨relational operator⟩::= < | ≦ | = | ≧ | > | ≠
⟨logical operator⟩::= ≡ | ⊃ | ∨ | ∧ | ¬
⟨sequential operator⟩::= **go to** | **if** | **then** | **else** | **for** | **do**[2]
⟨separator⟩::= , | . | $_{10}$ | : | ; | := | ␣ | **step** | **until** | **while** | **comment**
⟨bracket⟩::= (|) | [|] | ‘ | ’ | **begin** | **end**
⟨declarator⟩::= **own** | **Boolean** | **integer** | **real** | **array** | **switch** | **procedure**
⟨specificator⟩ ::= **string** | **label** | **value**

Delimiters have a fixed meaning which for the most part is obvious or else will be given at the appropriate place in the sequel.

Typographical features such as blank space or change to a new line have no significance in the reference language. They may, however, be used freely for facilitating reading.

For the purpose of including text among the symbols of a program the following "comment" conventions hold:

The sequence of basic symbols:	is equivalent to
; **comment** ⟨any sequence not containing ;⟩;	;
begin comment ⟨any sequence not containing ;⟩;	**begin**
end ⟨any sequence not containing **end** or ; or **else**⟩	**end**

By equivalence is here meant that any of the three structures shown in the left hand column may be replaced, in any occurrence outside of strings, by the symbol shown on the same line in the right hand column without any effect on

[1] It should be particularly noted that throughout the reference language underlining [in typewritten copy; boldface type in printed copy — Ed.] is used for defining independent basic symbols (see sections 2.2.2 and 2.3). These are understood to have no relation to the individual letters of which they are composed. Within the present report [not including headings — Ed.] underlining [boldface — Ed.] will be used for no other purposes.

[2] **do** is used in for statements. It has no relation whatsoever to the *do* of the preliminary report, which is not included in ALGOL 60.

the action of the program. It is further understood that the comment structure encountered first in the text when reading from left to right has precedence in being replaced over later structures contained in the sequence.

2.4. Identifiers

2.4.1. Syntax.

⟨identifier⟩::=⟨letter⟩|⟨identifier⟩⟨letter⟩|⟨identifier⟩⟨digit⟩

2.4.2. Examples

q
Soup
V17a
a34kTMNs
MARILYN

2.4.3. Semantics. Identifiers have no inherent meaning, but serve for the identification of simple variables, arrays, labels, switches, and procedures. They may be chosen freely (cf. however section 3.2.4. Standard functions).

The same identifier cannot be used to denote two different quantities except when these quantities have disjoint scopes as defined by the declarations of the program (cf. section 2.7. Quantities, kinds and scopes and section 5. Declarations).

2.5. Numbers

2.5.1. Syntax.

⟨unsigned integer⟩::=⟨digit⟩|⟨unsigned integer⟩⟨digit⟩
⟨integer⟩::=⟨unsigned integer⟩|+⟨unsigned integer⟩|−⟨unsigned integer⟩
⟨decimal fraction⟩::=.⟨unsigned integer⟩
⟨exponent part⟩::= $_{10}$⟨integer⟩
⟨decimal number⟩::=⟨unsigned integer⟩|⟨decimal fraction⟩|
⟨unsigned integer⟩⟨decimal fraction⟩
⟨unsigned number⟩::=⟨decimal number⟩|⟨exponent part⟩|
⟨decimal number⟩⟨exponent part⟩
⟨number⟩::=⟨unsigned number⟩|+⟨unsigned number⟩|−⟨unsigned number⟩

2.5.2. Examples

0	-200.084	$-.083_{10}-02$
177	$+07.43_{10}8$	$-_{10}7$
$.5384$	$9.34_{10}+10$	$_{10}-4$
$+0.7300$	$2_{10}-4$	$+_{10}+5$

2.5.3. Semantics. Decimal numbers have their conventional meaning. The exponent part is a scale factor expressed as an integral power of 10.

2.5.4. Types. Integers are of type **integer**. All other numbers are of type **real** (cf. section 5.1 Type declarations).

2.6. Strings

2.6.1. Syntax.

⟨proper string⟩::=⟨any sequence of basic symbols not containing ‘ or ’⟩|
⟨empty⟩
⟨open string⟩::=⟨proper string⟩|‘⟨open string⟩’|⟨open string⟩⟨open string⟩
⟨string⟩::=‘⟨open string⟩’

2.6.2. Examples. *‘5k,,−‘[[[‘∧=/:’Tt’’*
‘.. This⊔is⊔a⊔‘string’’

2.6.3. Semantics. In order to enable the language to handle arbitrary sequences of basic symbols the string quotes ‘ and ’ are introduced. The symbol ⊔ denotes a space. It has no significance outside strings.

Strings are used as actual parameters of procedures (cf. sections 3.2. Function designators and 4.7. Procedure statements).

2.7. Quantities, kinds and scopes

The following kinds of quantities are distinguished: simple variables, arrays, labels, switches, and procedures.

The scope of a quantity is the set of statements and expressions in which the declaration of the identifier associated with that quantity is valid. For labels see section 4.1.3.

2.8. Values and types

A value is an ordered set of numbers (special case: a single number), an ordered set of logical values (special case: a single logical value), or a label.

Certain of the syntactic units are said to possess values. These values will in general change during the execution of the program. The values of expressions and their constituents are defined in section 3. The value of an array identifier is the ordered set of values of the corresponding array of subscripted variables (cf. section 3.1.4.1).

The various "types" (**integer, real, Boolean**) basically denote properties of values. The types associated with syntactic units refer to the values of these units.

3. Expressions

In the language the primary constituents of the programs describing algorithmic processes are arithmetic, Boolean, and designational expressions. Constituents of these expressions, except for certain delimiters, are logical values, numbers, variables, function designators, and elementary arithmetic, relational, logical, and sequential operators. Since the syntactic definition of both variables and function designators contains expressions, the definition of expressions, and their constituents, is necessarily recursive.

⟨expression⟩::=⟨arithmetic expression⟩|⟨Boolean expression⟩|
⟨designational expression⟩

3.1. Variables

3.1.1. Syntax.
⟨variable identifier⟩::=⟨identifier⟩
⟨simple variable⟩::=⟨variable identifier⟩
⟨subscript expression⟩::=⟨arithmetic expression⟩
⟨subscript list⟩::=⟨subscript expression⟩|⟨subscript list⟩, ⟨subscript expression⟩
⟨array identifier⟩::=⟨identifier⟩
⟨subscripted variable⟩::=⟨array identifier⟩ [⟨subscript list⟩]
⟨variable⟩::=⟨simple variable⟩|⟨subscripted variable⟩

3.1.2. Examples.

epsilon
det A
a 17
Q[7, 2]
x[sin(n×pi/2), Q[3, n, 4]]

3.1.3. Semantics. A variable is a designation given to a single value. This value may be used in expressions for forming other values and may be changed at will by means of assignment statements (section 4.2). The type of the value of a particular variable is defined in the declaration for the variable itself (cf section 5.1. Type declarations) or for the corresponding array identifier (cf. section 5.2. Array declarations).

3.1.4. Subscripts. 3.1.4.1. Subscripted variables designate values which are components of multidimensional arrays (cf. section 5.2. Array declarations). Each arithmetic expression of the subscript list occupies one subscript position of the subscripted variable and is called a subscript. The complete list of subscripts is enclosed in the subscript brackets [ ]. The array component referred to by a subscripted variable is specified by the actual numerical value of its subscripts (cf. section 3.3. Arithmetic expressions).

3.1.4.2. Each subscript position acts like a variable of type **integer** and the evaluation of the subscript is understood to be equivalent to an assignment to this fictitious variable (cf. section 4.2.4). The value of the subscripted variable is defined only if the value of the subscript expression is within the subscript bounds of the array (cf. section 5.2. Array declarations).

3.2. Function designators

3.2.1. Syntax.

⟨procedure identifier⟩:: = ⟨identifier⟩
⟨actual parameter⟩:: = ⟨string⟩ | ⟨expression⟩ | ⟨array identifier⟩ |
  ⟨switch identifier⟩ | ⟨procedure identifier⟩
⟨letter string⟩:: = ⟨letter⟩ | ⟨letter string⟩ ⟨letter⟩
⟨parameter delimiter⟩:: = , |) ⟨letter string⟩ : (
⟨actual parameter list⟩:: = ⟨actual parameter⟩ |
  ⟨actual parameter list⟩ ⟨parameter delimiter⟩ ⟨actual parameter⟩
⟨actual parameter part⟩:: = ⟨empty⟩ | (⟨actual parameter list⟩)
⟨function designator⟩:: = ⟨procedure identifier⟩ ⟨actual parameter part⟩

3.2.2. Examples.

sin(a − b)
J(v + s, n)
R
S(s − 5) Temperature: (T) Pressure: (P)
Compile (': =') Stack : (Q)

3.2.3. Semantics. Function designators define single numerical or logical values which result through the application of given sets of rules defined by a procedure declaration (cf. section 5.4. Procedure declarations) to fixed sets of actual parameters. The rules governing specification of actual parameters are given in section 4.7. Procedure statements. Not every procedure declaration defines the value of a function designator.

3.2.4. Standard functions. Certain identifiers should be reserved for the standard functions of analysis, which will be expressed as procedures. It is recommended that this reserved list should contain:

abs (E) for the modulus (absolute value) of the value of the expression E
sign (E) for the sign of the value of E ($+1$ for $E>0$, 0 for $E=0$, -1 for $E<0$)
sqrt (E) for the square root of the value of E
sin (E) for the sine of the value of E
cos (E) for the cosine of the value of E
arctan (E) for the principal value of the arctangent of the value of E
ln (E) for the natural logarithm of the value of E
exp (E) for the exponential function of the value of E (e^E)

These functions are all understood to operate indifferently on arguments both of type **real** and **integer**. They will all yield values of type **real**, except for *sign* (E) which will have values of type **integer**. In a particular representation these functions may be available without explicit declarations (cf. section 5. Declarations).

3.2.5. Transfer functions. It is understood that transfer functions between any pair of quantities and expressions may be defined. Among the standard functions it is recommended that there be one, namely

entier (E),

which "transfers" an expression of real type to one of integer type, and assigns to it the value which is the largest integer not greater than the value of E.

3.3. Arithmetic expressions

3.3.1. Syntax.

⟨adding operator⟩::=+|−
⟨multiplying operator⟩::=×|/|÷
⟨primary⟩::=⟨unsigned number⟩|⟨variable⟩|⟨function designator⟩|
(⟨arithmetic expression⟩)
⟨factor⟩::=⟨primary⟩|⟨factor⟩↑⟨primary⟩
⟨term⟩::=⟨factor⟩|⟨term⟩⟨multiplying operator⟩⟨factor⟩
⟨simple arithmetic expression⟩::=⟨term⟩|⟨adding operator⟩⟨term⟩|
⟨simple arithmetic expression⟩⟨adding operator⟩⟨term⟩
⟨if clause⟩::= **if** ⟨Boolean expression⟩ **then**
⟨arithmetic expression⟩::=⟨simple arithmetic expression⟩|
⟨if clause⟩⟨simple arithmetic expression⟩ **else** ⟨arithmetic expression⟩

3.3.2. Examples.

Primaries:

$7.394_{10}-8$
sum
$w[i+2, 8]$
$cos(y+z\times 3)$
$(a-3/y+vu\uparrow 8)$

Factors:

$omega$

$sum \uparrow cos(y+z\times 3)$

$7.394_{10}-8 \uparrow w[i+2,8] \uparrow (a-3/y+vu \uparrow 8)$

Terms:

U

$omega \times sum \uparrow cos(y+z\times 3)/7.394_{10}-8 \uparrow w[i+2,8] \uparrow (a-3/y+vu \uparrow 8)$

Simple arithmetic expression:

$U-Yu+omega \times sum \uparrow cos(y+z\times 3)/7.394_{10}-8 \uparrow w[i+2,8] \uparrow (a-3/y+vu \uparrow 8)$

Arithmetic expressions:

$w\times u-Q(S+Cu)\uparrow 2$
if $q>0$ **then** $S+3\times Q/A$ **else** $2\times S+3\times q$
if $a<0$ **then** $U+V$ **else if** $a\times b>17$ **then** U/V **else if** $k\neq y$ **then** V/U **else** 0
$a\times sin(omega\times t)$
$0.57_{10}12\times a[N\times(N-1)/2,0]$
$(A\times arctan(y)+Z)\uparrow(7+Q)$
if q **then** $n-1$ **else** n
if $a<0$ **then** A/B **else if** $b=0$ **then** B/A **else** z

3.3.3. Semantics. An arithmetic expression is a rule for computing a numerical value. In case of simple arithmetic expressions this value is obtained by executing the indicated arithmetic operations on the actual numerical values of the primaries of the expression, as explained in detail in section 3.3.4 below. The actual numerical value of a primary is obvious in the case of numbers. For variables it is the current value (assigned last in the dynamic sense), and for function designators it is the value arising from the computing rules defining the procedure (cf. section 5.4.4. Values of function designators) when applied to the current values of the procedure parameters given in the expression. Finally, for arithmetic expressions enclosed in parentheses the value must through a recursive analysis be expressed in terms of the values of primaries of the other three kinds.

In the more general arithmetic expressions, which include if clauses, one out of several simple arithmetic expressions is selected on the basis of the actual values of the Boolean expressions (cf. section 3.4. Boolean expressions). This selection is made as follows: The Boolean expressions of the if clauses are evaluated one by one in sequence from left to right until one having the value **true** is found. The value of the arithmetic expression is then the value of the first arithmetic expression following this Boolean (the largest arithmetic expression found in this position is understood). The construction:

else ⟨simple arithmetic expression⟩

is equivalent to the construction:

else if true then ⟨simple arithmetic expression⟩

3.3.4. Operators and types. Apart from the Boolean expressions of if clauses, the constituents of simple arithmetic expressions must be of types **real** or **integer** (cf. section 5.1. Type declarations). The meaning of the basic operators and the types of the expressions to which they lead are given by the following rules:

3.3.4.1. The operators +, −, and × have the conventional meaning (addition, subtraction, and multiplication). The type of the expression will be **integer** if both of the operands are of **integer** type, otherwise **real**.

3.3.4.2. The operations ⟨term⟩/⟨factor⟩ and ⟨term⟩÷⟨factor⟩ both denote division, to be understood as a multiplication of the term by the reciprocal of the factor with due regard to the rules of precedence (cf. section 3.3.5). Thus for example

$$a/b\times 7/(p-q)\times v/s$$

means

$$((((a\times(b^{-1}))\times 7)\times((p-q)^{-1}))\times v)\times(s^{-1})$$

The operator / is defined for all four combinations of types **real** and **integer** and will yield results of **real** type in any case. The operator ÷ is defined only for two operands both of type **integer** and will yield a result of type **integer**, mathematically defined as follows:

$$a\div b=sign\,(a/b)\times entier\,(abs\,(a/b))$$

(cf. sections 3.2.4 and 3.2.5).

3.3.4.3. The operation ⟨factor⟩ ↑ ⟨primary⟩ denotes exponentiation, where the factor is the base and the primary is the exponent. Thus for example

$2\uparrow n\uparrow k$ means $(2^n)^k$

while

$2\uparrow(n\uparrow m)$ means $2^{(n^m)}$

Writing i for a number of **integer** type, r for a number of **real** type, and a for a number of either **integer** or **real** type, the result is given by the following rules:

$a\uparrow i$	If $i>0$:	$a\times a\times\cdots\times a$ (i times), of the same type as a.	
	If $i=0$,	if $a\neq 0$:	1, of the same type as a.
		if $a=0$:	undefined.
	If $i<0$,	if $a\neq 0$:	$1/(a\times a\times\cdots\times a)$ (the denominator has $-i$ factors), of type **real**.
		if $a=0$:	undefined.
$a\uparrow r$	If $a>0$:	$\exp(r\times ln(a))$, of type **real**.	
	If $a=0$,	if $r>0$:	0.0, of type **real**.
		if $r\leq 0$:	undefined.
	If $a<0$:	always undefined.	

3.3.5. Precedence of operators. The sequence of operations within one expression is generally from left to right, with the following additional rules:

3.3.5.1. According to the syntax given in section 3.3.1 the following rules of precedence hold:

first: ↑
second: ×/÷
third: +−

3.3.5.2. The expression between a left parenthesis and the matching right parenthesis is evaluated by itself and this value is used in subsequent calculations. Consequently the desired order of execution of operations within an expression can always be arranged by appropriate positioning of parentheses.

3.3.6. Arithmetics of **real** quantities. Numbers and variables of type **real** must be interpreted in the sense of numerical analysis, i.e. as entities defined inherently with only a finite accuracy. Similarly, the possibility of the occurrence of a finite deviation from the mathematically defined result in any arithmetic expression is explicitly understood. No exact arithmetic will be specified, however, and it is indeed understood that different hardware representations may evaluate arithmetic expressions differently. The control of the possible consequences of such differences must be carried out by the methods of numerical analysis. This control must be considered a part of the process to be described, and will therefore be expressed in terms of the language itself.

3.4. Boolean expressions

3.4.1. Syntax.

⟨relational operator⟩::= $<\,|\leq|=|\geq|\,>|\neq$
⟨relation⟩::=⟨simple arithmetic expression⟩⟨relational operator⟩
    ⟨simple arithmetic expression⟩
⟨Boolean primary⟩::=⟨logical value⟩|⟨variable⟩|⟨function designator⟩|
    ⟨relation⟩|(⟨Boolean expression⟩)
⟨Boolean secondary⟩::=⟨Boolean primary⟩|¬⟨Boolean primary⟩
⟨Boolean factor⟩::=⟨Boolean secondary⟩|
    ⟨Boolean factor⟩∧⟨Boolean secondary⟩
⟨Boolean term⟩::=⟨Boolean factor⟩|⟨Boolean term⟩∨⟨Boolean factor⟩
⟨implication⟩::=⟨Boolean term⟩|⟨implication⟩⊃⟨Boolean term⟩
⟨simple Boolean⟩::=⟨implication⟩|⟨simple Boolean⟩≡⟨implication⟩
⟨Boolean expression⟩::=⟨simple Boolean⟩|
    ⟨if clause⟩⟨simple Boolean⟩ **else** ⟨Boolean expression⟩

3.4.2. Examples. $x=-2$
$Y>V\lor z<q$
$a+b>-5\land z-d>q\uparrow 2$
$p\land q\lor x\neq y$
$g\equiv\neg a\land b\land\neg c\lor d\lor e\supset\neg f$
if $k<1$ **then** $s>w$ **else** $h\leq c$
if if if a **then** b **else** c **then** d **else** f **then** g **else** $h<k$

3.4.3. Semantics. A Boolean expression is a rule for computing a logical value. The principles of evaluation are entirely analogous to those given for arithmetic expressions in section 3.3.3.

3.4.4. Types. Variables and function designators entered as Boolean primaries must be declared **Boolean** (cf. section 5.1. Type declarations and section 5.4.4. Values of function designators).

3.4.5. The operators. Relations take on the value **true** whenever the corresponding relation is satisfied for the expressions involved, otherwise **false**.

The meaning of the logical operators ¬ (not), ∧ (and), ∨ (or), ⊃ (implies), and ≡ (equivalent), is given by the following function table.

b1	**false**	**false**	**true**	**true**
b2	**false**	**true**	**false**	**true**
¬*b1*	**true**	**true**	**false**	**false**
b1∧*b2*	**false**	**false**	**false**	**true**
b1∨*b2*	**false**	**true**	**true**	**true**
b1⊃*b2*	**true**	**true**	**false**	**true**
b1≡*b2*	**true**	**false**	**false**	**true**

3.4.6. Precedence of operators. The sequence of operations within one expression is generally from left to right, with the following additional rules:

3.4.6.1. According to the syntax given in section 3.4.1 the following rules of precedence hold:

first: arithmetic expressions according to section 3.3.5.
second: $< \leq = \geq > \neq$
third: ¬
fourth: ∧
fifth: ∨
sixth: ⊃
seventh: ≡

3.4.6.2. The use of parentheses will be interpreted in the sense given in section 3.3.5.2.

3.5. Designational expressions

3.5.1. Syntax.

⟨label⟩::=⟨identifier⟩|⟨unsigned integer⟩
⟨switch identifier⟩::=⟨identifier⟩
⟨switch designator⟩::=⟨switch identifier⟩[⟨subscript expression⟩]
⟨simple designational expression⟩::=⟨label⟩|⟨switch designator⟩|
(⟨designational expression⟩)
⟨designational expression⟩::=⟨simple designational expression⟩|
⟨if clause⟩ ⟨simple designational expression⟩ **else** ⟨designational expression⟩

3.5.2. Examples. *17*
p9
Choose[*n* − *1*]
Town[**if** *y*<*0* **then** *N* **else** *N*+*1*]
if *Ab*<*c* **then** *17* **else** *q*[**if** *w*≤*0* **then** *2* **else** *n*]

3.5.3. Semantics. A designational expression is a rule for obtaining a label of a statement (cf. section 4. Statements). Again the principle of the evaluation is entirely analogous to that of arithmetic expressions (section 3.3.3). In the general case the Boolean expressions of the if clauses will select a simple designational expression. If this is a label the desired result is already found. A switch designator refers to the corresponding switch declaration (cf. section 5.3. Switch declarations) and by the actual numerical value of its subscript expression selects one of the designational expressions listed in the switch declaration by counting these from left to right. Since the designational expression thus selected may again be a switch designator this evaluation is obviously a recursive process.

3.5.4. The subscript expression. The evaluation of the subscript expression is analogous to that of subscripted variables (cf. section 3.1.4.2). The value of a switch designator is defined only if the subscript expression assumes one of the positive values *1*, *2*, *3*, ..., *n*, where *n* is the number of entries in the switch list.

3.5.5. Unsigned integers as labels. Unsigned integers used as labels have the property that leading zeroes do not affect their meaning, e.g. *00217* denotes the same label as *217*.

4. Statements

The units of operation within the language are called statements. They will normally be executed consecutively as written. However, this sequence of operations may be broken by go to statements, which define their successor explicitly, and shortened by conditional statements, which may cause certain statements to be skipped.

In order to make it possible to define a specific dynamic succession, statements may be provided with labels.

Since sequences of statements may be grouped together into compound statements and blocks the definition of statement must necessarily be recursive. Also since declarations, described in section 5, enter fundamentally into the syntactic structure, the syntactic definition of statements must suppose declarations to be already defined.

4.1. Compound statements and blocks

4.1.1. Syntax.

⟨unlabelled basic statement⟩::=⟨assignment statement⟩|⟨go to statement⟩|
  ⟨dummy statement⟩|⟨procedure statement⟩
⟨basic statement⟩::=⟨unlabelled basic statement⟩|⟨label⟩:⟨basic statement⟩
⟨unconditional statement⟩::=⟨basic statement⟩|
  ⟨compound statement⟩|⟨block⟩
⟨statement⟩::=⟨unconditional statement⟩|⟨conditional statement⟩|
  ⟨for statement⟩
⟨compound tail⟩::=⟨statement⟩ **end**|⟨statement⟩;⟨compound tail⟩
⟨block head⟩::=**begin** ⟨declaration⟩|⟨block head⟩;⟨declaration⟩
⟨unlabelled compound⟩::=**begin** ⟨compound tail⟩
⟨unlabelled block⟩::=⟨block head⟩;⟨compound tail⟩
⟨compound statement⟩::=⟨unlabelled compound⟩|
  ⟨label⟩:⟨compound statement⟩
⟨block⟩::=⟨unlabelled block⟩|⟨label⟩:⟨block⟩
⟨program⟩::=⟨block⟩|⟨compound statement⟩

This syntax may be illustrated as follows: Denoting arbitrary statements, declarations, and labels, by the letters S, D, and L, respectively, the basic syntactic units take the forms:

Compound statement:

L: L: ... **begin** S; S; ... S; S **end**

Block:

L: L: ... **begin** D; D; .. D; S; S; ... S; S **end**

It should be kept in mind that each of the statements S may again be a complete compound statement or block.

4.1.2. Examples.

Basic statements:

$a := p + q$

go to *Naples*

Start: *Continue*: $W := 7.993$

Compound statement:

```
begin x:=0; for y:=1 step 1 until n do x:=x+A[y];
    if x>q then go to STOP else if x>w-2 then go to S;
    Aw: St: W:=x+bob end
```

Block:

```
Q: begin integer i, k; real w;
   for i:=1 step 1 until m do
       for k:=i+1 step 1 until m do
       begin w:=A[i,k];
             A[i,k]:=A[k,i];
             A[k,i]:=w end for i and k
end block Q
```

4.1.3. Semantics. Every block automatically introduces a new level of nomenclature. This is realized as follows: Any identifier occurring within the block may through a suitable declaration (cf. section 5. Declarations) be specified to be local to the block in question. This means (a) that the entity represented by this identifier inside the block has no existence outside it and (b) that any entity represented by this identifier outside the block is completely inaccessible inside the block.

Identifiers (except those representing labels) occurring within a block and not being declared to this block will be non-local to it, i.e. will represent the same entity inside the block and in the level immediately outside it. A label separated by a colon from a statement, i.e. labelling that statement, behaves as though declared in the head of the smallest embracing block, i.e. the smallest block whose brackets **begin** and **end** enclose that statement. In this context a procedure body must be considered as if it were enclosed by **begin** and **end** and treated as a block.

Since a statement of a block may again itself be a block the concepts local and non-local to a block must be understood recursively. Thus an identifier, which is non-local to a block A, may or may not be non-local to the block B in which A is one statement.

4.2. Assignment statements

4.2.1. Syntax.

⟨left part⟩ ::= ⟨variable⟩ := | ⟨procedure identifier⟩ :=

⟨left part list⟩ ::= ⟨left part⟩ | ⟨left part list⟩ ⟨left part⟩

⟨assignment statement⟩ ::= ⟨left part list⟩ ⟨arithmetic expression⟩ |
⟨left part list⟩ ⟨Boolean expression⟩

4.2.2. Examples. $s := p[0] := n := n + 1 + s$
$n := n + 1$
$A := B/C - v - q \times S$
$S[v, k+2] := 3 - arctan(s \times zeta)$
$V := Q > Y \wedge Z$

4.2.3. Semantics. Assignment statements serve for assigning the value of an expression to one or several variables or procedure identifiers. Assignment to a procedure identifier may only occur within the body of a procedure defining the value of a function designator (cf. section 5.4.4). The process will in the general case be understood to take place in three steps as follows:

4.2.3.1. Any subscript expressions occurring in the left part variables are evaluated in sequence from left to right.

4.2.3.2. The expression of the statement is evaluated.

4.2.3.3. The value of the expression is assigned to all the left part variables, with any subscript expressions having values as evaluated in step 4.2.3.1.

4.2.4. Types. The type associated with all variables and procedure identifiers of a left part list must be the same. If this type is **Boolean**, the expression must likewise be **Boolean**. If the type is **real** or **integer**, the expression must be arithmetic. If the type of the arithmetic expression differs from that associated with the variables and procedure identifiers, appropriate transfer functions are understood to be automatically invoked. For transfer from **real** to **integer** type the transfer function is understood to yield a result equivalent to

entier (E + *0.5*)

where E is the value of the expression. The type associated with a procedure identifier is given by the declarator which appears as the first symbol of the corresponding procedure declaration (cf. section 5.4.4).

4.3. Go to statements

4.3.1. Syntax.
<go to statement> ::= **go to** <designational expression>

4.3.2. Examples. **go to** *8*
go to *exit*[*n* + *1*]
go to *Town*[**if** $y < 0$ **then** *N* **else** $N+1$]
go to if $Ab < c$ **then** *17* **else** *q*[**if** $w < 0$ **then** *2* **else** *n*]

4.3.3. Semantics. A go to statement interrupts the normal sequence of operations, defined by the write-up of statements, by defining its successor explicitly by the value of a designational expression. Thus the next statement to be executed will be the one having this value as its label.

4.3.4. Restriction. Since labels are inherently local, no go to statement can lead from outside into a block. A go to statement may, however, lead from outside into a compound statement.

4.3.5. Go to an undefined switch designator. A go to statement is equivalent to a dummy statement if the designational expression is a switch designator whose value is undefined.

4.4. Dummy statements

4.4.1. Syntax.

⟨dummy statement⟩::=⟨empty⟩

4.4.2. Examples.

L:

begin ....; *John*: **end**

4.4.3. Semantics. A dummy statement executes no operation. It may serve to place a label.

4.5. Conditional statements

4.5.1. Syntax.

⟨if clause⟩::= **if** ⟨Boolean expression⟩ **then**
⟨unconditional statement⟩::=⟨basic statement⟩|⟨compound statement⟩|
⟨block⟩
⟨if statement⟩::=⟨if clause⟩ ⟨unconditional statement⟩
⟨conditional statement⟩::=⟨if statement⟩|⟨if statement⟩ **else** ⟨statement⟩|
⟨if clause⟩ ⟨for statement⟩|⟨label⟩: ⟨conditional statement⟩

4.5.2. Examples. **if** $x>0$ **then** $n:=n+1$
if $v>u$ **then** $V{:}q:=n+m$ **else go to** R
if $s<0 \vee P \leqq Q$ **then** AA: **begin if** $q<v$ **then** $a:=v/s$
else $y:=2\times a$ **end else if** $v>s$ **then** $a:=v-q$
else if $v>s-1$ **then go to** S

4.5.3. Semantics. Conditional statements cause certain statements to be executed or skipped depending on the running values of specified Boolean expressions.

4.5.3.1. If statement. The unconditional statement of an if statement will be executed if the Boolean expression of the if clause is true. Otherwise it will be skipped and the operation will be continued with the next statement.

4.5.3.2. Conditional statement. According to the syntax two different forms of conditional statements are possible. These may be illustrated as follows:

if B1 **then** S1 **else if** B2 **then** S2 **else** S3; S4

and

if B1 **then** S1 **else if** B2 **then** S2 **else if** B3 **then** S3; S4

Here B1 to B3 are Boolean expressions, while S1 to S3 are unconditional statements. S4 is the statement following the complete conditional statement.

The execution of a conditional statement may be described as follows: The Boolean expressions of the if clauses are evaluated one after the other in sequence from left to right until one yielding the value **true** is found Then the unconditional statement following this Boolean is executed. Unless this statement defines its successor explicitly the next statement to be executed will be S4, i.e. the statement following the complete conditional statement. Thus the effect of the delimiter **else** may be described by saying that it defines the successor of the statement it follows to be the statement following the complete conditional statement.

The construction

else ⟨unconditional statement⟩

is equivalent to

else if true then ⟨unconditional statement⟩

If none of the Boolean expressions of the if clauses is true, the effect of the whole conditional statement will be equivalent to that of a dummy statement.

For further explanation the following picture may be useful:

```
                 ----------------------------
                 ↑                     ↑     ↓
if B1 then S1 else if B2 then S2 else S3; S4
   ↓                 ↑  ↓                  ↑
   -------------------  --------------------
      B1 false              B2 false
```

4.5.4. Go to into a conditional statement. The effect of a go to statement leading into a conditional statement follows directly from the above explanation of the effect of **else**.

4.6. For statements

4.6.1. Syntax.

⟨for list element⟩::=⟨arithmetic expression⟩|
 ⟨arithmetic expression⟩ **step** ⟨arithmetic expression⟩ **until**
 ⟨arithmetic expression⟩|
 ⟨arithmetic expression⟩ **while** ⟨Boolean expression⟩
⟨for list⟩::=⟨for list element⟩|⟨for list⟩, ⟨for list element⟩
⟨for clause⟩::=**for** ⟨variable⟩:=⟨for list⟩ **do**
⟨for statement⟩::=⟨for clause⟩ ⟨statement⟩|
 ⟨label⟩:⟨for statement⟩

4.6.2. Examples. **for** $q:=1$ **step** s **until** n **do** $A[q]:=B[q]$
for $k:=1, V1\times 2$ **while** $V1<N$ **do**
for $j:=I+G, L, 1$ **step** 1 **until** $N, C+D$ **do** $A[k,j]:=B[k,j]$

4.6.3. Semantics. A for clause causes the statement S which it precedes to be repeatedly executed zero or more times. In addition it performs a sequence of assignments to its controlled variable. The process may be visualized by means of the following picture:

```
                 --------------------
                 ↓                  ↑
Initialize; test; statement S; advance; successor
                 ↓                           ↑
                 -----------------------------
                        for list exhausted
```

In this picture the word initialize means: perform the first assignment of the for clause. Advance means: perform the next assignment of the for clause. Test determines if the last assignment has been done. If so, the execution continues with the successor of the for statement. If not, the statement following the for clause is executed.

4.6.4. The for list elements. The for list gives a rule for obtaining the values which are consecutively assigned to the controlled variable. This sequence of values is obtained from the for list elements by taking these one by one in the order in which they are written. The sequence of values generated by each of the three species of for list elements and the corresponding execution of the statement S are given by the following rules:

4.6.4.1. Arithmetic expression. This element gives rise to one value, namely the value of the given arithmetic expression as calculated immediately before the corresponding execution of the statement S.

4.6.4.2. Step-until-element. An element of the form A **step** B **until** C, where A, B, and C are arithmetic expressions, gives rise to an execution which may be described most concisely in terms of additional ALGOL statements as follows:

    V: = A;
L1: **if** (V − C) × *sign* (B) > *0* **then go to** *Element exhausted*;
    Statement S;
    V: = V + B;
    go to *L1*;

where V is the controlled variable of the for clause and *Element exhausted* points to the evaluation according to the next element in the for list, or if the step-until-element is the last of the list, to the next statement in the program.

4.6.4.3. While-element. The execution governed by a for list element of the form E **while** F, where E is an arithmetic and F a Boolean expression, is most concisely described in terms of additional ALGOL statements as follows:

L3: V: = E;
    if ¬ F **then go to** *Element exhausted*;
    Statement S;
    go to *L3*;

where the notation is the same as in 4.6.4.2 above.

4.6.5. The value of the controlled variable upon exit. Upon exit out of the statement S (supposed to be compound) through a go to statement the value of the controlled variable will be the same as it was immediately preceding the execution of the go to statement.

If the exit is due to exhaustion of the for list, on the other hand, the value of the controlled variable is undefined after the exit.

4.6.6. Go to leading into a for statement

The effect of a go to statement, outside a for statement, which refers to a label within the for statement, is undefined.

4.7. Procedure statements

4.7.1. Syntax.

⟨actual parameter⟩:: = ⟨string⟩ | ⟨expression⟩ | ⟨array identifier⟩ |
  ⟨switch identifier⟩ | ⟨procedure identifier⟩
⟨letter string⟩:: = ⟨letter⟩ | ⟨letter string⟩ ⟨letter⟩
⟨parameter delimiter⟩:: = , |) ⟨letter string⟩: (
⟨actual parameter list⟩:: = ⟨actual parameter⟩ |
  ⟨actual parameter list⟩ ⟨parameter delimiter⟩ ⟨actual parameter⟩
⟨actual parameter part⟩:: = ⟨empty⟩ | (⟨actual parameter list⟩)
⟨procedure statement⟩:: = ⟨procedure identifier⟩ ⟨actual parameter part⟩

4.7.2. Examples. *Spur* (*A*) *Order:* (*7*) *Result to:* (*V*)
Transpose (*W*, *v*+*1*)
Absmax (*A*, *N*, *M*, *Yy*, *I*, *K*)
Innerproduct (*A*[*t*, *P*, *u*], *B*[*P*], *10*, *P*, *Y*)

These examples correspond to examples given in section 5.4.2.

4.7.3. Semantics. A procedure statement serves to invoke (call for) the execution of a procedure body (cf. section 5.4. procedure declarations). Where the procedure body is a statement written in ALGOL the effect of this execution will be equivalent to the effect of performing the following operations on the program at the time of execution of the procedure statement:

4.7.3.1. Value assignment (call by value). All formal parameters quoted in the value part of the procedure declaration heading are assigned the values (cf. section 2.8. Values and types) of the corresponding actual parameters, these assignments being considered as being performed explicitly before entering the procedure body. The effect is as though an additional block embracing the procedure body were created in which these assigments were made to variables local to this fictitious block with types as given in the corresponding specifications (cf. section 5.4.5). As a consequence, variables called by value are to be considered as non-local to the body of the procedure, but local to the fictitious block (cf. section 5.4.3).

4.7.3.2. Name replacement (call by name). Any formal parameter not quoted in the value list is replaced, throughout the procedure body, by the corresponding actual parameter, after enclosing this latter in parentheses wherever syntactically possible. Possible conflicts between identifiers inserted through this process and other identifiers already present within the procedure body will be avoided by suitable systematic changes of the formal or local identifiers involved.

4.7.3.3. Body replacement and execution. Finally the procedure body, modified as above, is inserted in place of the procedure statement and executed. If the procedure is called from a place outside the scope of any non-local quantity of the procedure body the conflicts between the identifiers inserted through this process of body replacement and the identifiers whose declarations are valid at the place of the procedure statement or function designator will be avoided through suitable systematic changes of the latter identifiers.

4.7.4. Actual-formal correspondence. The correspondence between the actual parameters of the procedure statement and the formal parameters of the procedure heading is established as follows: The actual parameter list of the procedure statement must have the same number of entries as the formal parameter list of the procedure declaration heading. The correspondence is obtained by taking the entries of these two lists in the same order.

4.7.5. Restrictions. For a procedure statement to be defined it is evidently necessary that the operations on the procedure body defined in sections 4.7.3.1 and 4.7.3.2 lead to a correct ALGOL statement.

This imposes the restriction on any procedure statement that the kind and type of each actual parameter be compatible with the kind and type of the corresponding formal parameter. Some important particular cases of this general rule are the following:

4.7.5.1. If a string is supplied as an actual parameter in a procedure statement or function designator, whose defining procedure body is an ALGOL 60 statement (as opposed to non-ALGOL code, cf. section 4.7.8), then this string can only be used within the procedure body as an actual parameter in further procedure calls. Ultimately it can only be used by a procedure body expressed in non-ALGOL code.

4.7.5.2. A formal parameter which occurs as a left part variable in an assignment statement within the procedure body and which is not called by value can only correspond to an actual parameter which is a variable (special case of expression).

4.7.5.3. A formal parameter which is used within the procedure body as an array identifier can only correspond to an actual parameter which is an array identifier of an array of the same dimensions. In addition if the formal parameter is called by value the local array created during the call will have the same subscript bounds as the actual array.

4.7.5.4. A formal parameter which is called by value cannot in general correspond to a switch identifier or a procedure identifier or a string, because these latter do not possess values (the exception is the procedure identifier of a procedure declaration which has an empty formal parameter part (cf. section 5.4.1) and which defines the value of a function designator (cf. section 5.4.4). This procedure identilier is in itself a complete expression).

4.7.5.5 Any formal parameter may have restrictions on the type of the corresponding actual parameter associated with it (these restrictions may, or may not, be given through specifications in the procedure heading). In the procedure statement such restrictions must evidently be observed.

4.7.6. Deleted.

4.7.7. Parameter delimiters. All parameter delimiters are understood to be equivalent. No correspondence between the parameter delimiters used in a procedure statement and those used in the procedure heading is expected beyond their number being the same. Thus the information conveyed by using the elaborate ones is entirely optional.

4.7.8. Procedure body expressed in code. The restrictions imposed on a procedure statement calling a procedure having its body expressed in non-ALGOL code evidently can only be derived from the characteristics of the code used and the intent of the user and thus fall outside the scope of the reference language.

5. Declarations

Declarations serve to define certain properties of the quantities used in the program, and to associate them with identifiers. A declaration of an identifier is valid for one block. Outside this block the particular identifier may be used for other purposes (cf. section 4.1.3).

Dynamically this implies the following: at the time of an entry into a block (through the **begin** since the labels inside are local and therefore inaccessible from outside) all identifiers declared for the block assume the significance implied by the nature of the declarations given. If these identifiers had already been defined by other declarations outside they are for the time being given a new significance.

Identifiers which are not declared for the block, on the other hand, retain their old meaning.

At the time of an exit from a block (through **end**, or by a go to statement) all identifiers which are declared for the block lose their local significance.

A declaration may be marked with the additional declarator **own**. This has the following effect: upon a reentry into the block, the values of own quantities will be unchanged from their values at the last exit, while the values of declared variables which are not marked as own are undefined. Apart from labels and formal parameters of procedure declarations and with the possible exception of those for standard functions (cf. sections 3.2.4 and 3.2.5) all identifiers of a program must be declared. No identifier may be declared more than once in any one block head.

Syntax.

⟨declaration⟩:: = ⟨type declaration⟩ | ⟨array declaration⟩ |
⟨switch declaration⟩ | ⟨procedure declaration⟩

5.1. Type declarations

5.1.1. Syntax.

⟨type list⟩:: = ⟨simple variable⟩ | ⟨simple variable⟩, ⟨type list⟩
⟨type⟩:: = **real** | **integer** | **Boolean**
⟨local or own type⟩:: = ⟨type⟩ | **own** ⟨type⟩
⟨type declaration⟩:: = ⟨local or own type⟩ ⟨type list⟩

5.1.2. Examples. **integer** *p*, *q*, *s*
own Boolean *Acryl*, *n*

5.1.3. Semantics. Type declarations serve to declare certain identifiers to represent simple variables of a given type. Real declared variables may only assume positive or negative values including zero. Integer declared variables may only assume positive and negative integral values including zero. Boolean declared variables may only assume the values **true** and **false**.

In arithmetic expressions any position which can be occupied by a real declared variable may be occupied by an integer declared variable.

For the semantics of **own**, see the fourth paragraph of section 5 above.

5.2. Array declarations

5.2.1. Syntax.

⟨lower bound⟩:: = ⟨arithmetic expression⟩
⟨upper bound⟩:: = ⟨arithmetic expression⟩
⟨bound pair⟩:: = ⟨lower bound⟩: ⟨upper bound⟩
⟨bound pair list⟩:: = ⟨bound pair⟩ | ⟨bound pair list⟩, ⟨bound pair⟩
⟨array segment⟩:: = ⟨array identifier⟩ [⟨bound pair list⟩] |
⟨array identifier⟩, ⟨array segment⟩
⟨array list⟩:: = ⟨array segment⟩ | ⟨array list⟩, ⟨array segment⟩
⟨array declaration⟩:: = **array** ⟨array list⟩ |
⟨local or own type⟩ **array** ⟨array list⟩

5.2.2. Examples. **array** *a*, *b*, *c*[*7*:*n*, *2*:*m*], *s*[−*2*:*10*]
own integer array *A*[**if** *c* < *0* **then** *2* **else** *1*:*20*]
real array *q*[−*7*:−*1*]

5.2.3. Semantics. An array declaration declares one or several identifiers to represent multidimensional arrays of subscripted variables and gives the dimensions of the arrays, the bounds of the subscripts, and the types of the variables.

5.2.3.1. Subscript bounds. The subscript bounds for any array are given in the first subscript bracket following the identifier of this array in the form of a bound pair list. Each item of this list gives the lower and upper bound of a subscript in the form of two arithmetic expressions separated by the delimiter : . The bound pair list gives the bounds of all subscripts taken in order from left to right.

5.2.3.2. Dimensions. The dimensions are given as the number of entries in the bound pair lists.

5.2.3.3. Types. All arrays declared in one declaration are of the same quoted type. If no type declarator is given the type **real** is understood.

5.2.4. Lower upper bound expressions.

5.2.4.1. The expressions will be evaluated in the same way as subscript expressions (cf. section 3.1.4.2).

5.2.4.2. The expressions can only depend on variables and procedures which are non-local to the block for which the array declaration is valid. Consequently in the outermost block of a program only array declarations with constant bounds may be declared.

5.2.4.3. An array is defined only when the values of all upper subscript bounds are not smaller than those of the corresponding lower bounds.

5.2.4.4. The expressions will be evaluated once at each entrance into the block.

5.2.5. The identity of subscripted variables. The identity of a subscripted variable is not related to the subscript bounds given in the array declaration. However, even if an array is declared **own** the values of the corresponding subscripted variables will, at any time, be defined only for those of these variables which have subscripts within the most recently calculated subscript bounds.

5.3. Switch declarations

5.3.1. Syntax.
⟨switch list⟩::= ⟨designational expression⟩|
⟨switch list⟩, ⟨designational expression⟩
⟨switch declaration⟩:: = **switch** ⟨switch identifier⟩: = ⟨switch list⟩

5.3.2. Examples. **switch** $S := S1, S2, Q[m]$, **if** $v > -5$ **then** $S3$ **else** $S4$
switch $Q := p1, w$

5.3.3. Semantics. A switch declaration defines the set of values of the corresponding switch designators. These values are given one by one as the values of the designational expressions entered in the switch list. With each of these designational expressions there is associated a positive integer, 1, 2, ..., obtained by counting the items in the list from left to right. The value of the switch designator corresponding to a given value of the subscript expression (cf. section 3.5. Designational expressions) is the value of the designational expression in the switch list having this given value as its associated integer.

5.3.4. Evaluation of expressions in the switch list. An expression in the switch list will be evaluated every time the item of the list in which the expression occurs is referred to, using the current values of all variables involved.

5.3.5. Influence of scopes. If a switch designator occurs outside the scope of a quantity entering into a designational expression in the switch list, and an evaluation of this switch designator selects this designational expression, then the conflicts between the identifiers for the quantities in this expression and the identifiers whose declarations are valid at the place of the switch designator will be avoided through suitable systematic changes of the latter identifiers.

5.4. Procedure declarations

5.4.1. Syntax.

⟨formal parameter⟩::=⟨identifier⟩
⟨formal parameter list⟩::=⟨formal parameter⟩|
  ⟨formal parameter list⟩⟨parameter delimiter⟩⟨formal parameter⟩
⟨formal parameter part⟩::=⟨empty⟩|(⟨formal parameter list⟩)
⟨identifier list⟩::=⟨identifier⟩|⟨identifier list⟩,⟨identifier⟩
⟨value part⟩::= **value** ⟨identifier list⟩;|⟨empty⟩
⟨specifier⟩::= **string**|⟨type⟩|**array**|⟨type⟩ **array**|**label**|**switch**|
  procedure|⟨type⟩ **procedure**
⟨specification part⟩::=⟨empty⟩|⟨specifier⟩⟨identifier list⟩;|
  ⟨specification part⟩⟨specifier⟩⟨identifier list⟩;
⟨procedure heading⟩::=⟨procedure identifier⟩⟨formal parameter part⟩;
  ⟨value part⟩⟨specification part⟩
⟨procedure body⟩::=⟨statement⟩|⟨code⟩
⟨procedure declaration⟩::= **procedure** ⟨procedure heading⟩⟨procedure body⟩|
  ⟨type⟩ **procedure** ⟨procedure heading⟩⟨procedure body⟩

5.4.2. Examples (see also the examples at the end of the report).

```
procedure Spur (a) Order: (n) Result: (s); value n;
array a; integer n; real s;
begin integer k;
s:=0;
for k:=1 step 1 until n do s:=s+a[k, k]
end

procedure Transpose (a) Order: (n); value n;
array a; integer n;
begin real w; integer i, k;
for i:=1 step 1 until n do
    for k:=1+i step 1 until n do
    begin w:=a[i, k];
          a[i, k]:=a[k, i];
          a[k, i]:=w
    end
end Transpose

integer procedure Step (u); real u;
Step:=if 0≦u∧u≦1 then 1 else 0
```

```
procedure Absmax (a) size: (n, m) Result: (y) Subscripts: (i, k);
comment The absolute greatest element of the matrix a, of size n by m is transferred
to y, and the subscripts of this element to i and k;
array a; integer n, m, i, k; real y;
begin integer p, q;
y: = 0;
for p: = 1 step 1 until n do for q: = 1 step 1 until m do
if abs (a[p, q]) > y then begin y: = abs (a[p, q]); i: = p; k: = q end end Absmax

procedure Innerproduct (a, b) Order: (k, p) Result: (y); value k;
integer k, p; real y, a, b;
begin real s;
s: = 0;
for p: = 1 step 1 until k do s: = s + a × b;
y: = s
end Innerproduct
```

5.4.3. Semantics. A procedure declaration serves to define the procedure associated with a procedure identifier. The principal constituent of a procedure declaration is a statement or a piece of code, the procedure body, which through the use of procedure statements and/or function designators may be activated from other parts of the block in the head of which the procedure declaration appears. Associated with the body is a heading, which specifies certain identifiers occurring within the body to represent formal parameters. Formal parameters in the procedure body will, whenever the procedure is activated (cf. section 3.2. Function designators and section 4.7. Procedure statements) be assigned the values of or replaced by actual parameters. Identifiers in the procedure body which are not formal will be either local or non-local to the body depending on whether they are declared within the body or not. Those of them which are non-local to the body may well be local to the block in the head of which the procedure declaration appears. The procedure body always acts like a block, whether it has the form of one or not. Consequently the scope of any label labelling a statement within the body or the body itself can never extend beyond the procedure body. In addition, if the identifier of a formal parameter is declared anew within the procedure body (including the case of its use as a label as in section 4.1.3), it is thereby given a local significance and actual parameters which correspond to it are inaccessible throughout the scope of this inner local quantity.

5.4.4. Values of function designators. For a procedure declaration to define the value of a function designator there must, within the procedure body, occur one or more explicit assignment statements with the procedure identifier in a left part; at least one of these must be executed, and the type associated with the procedure identifier must be declared through the appearance of a type declarator as the very first symbol of the procedure declaration. The last value so assigned is used to continue the evaluation of the expression in which the function designator occurs. Any occurrence of the procedure identifier within the body of the procedure other than in a left part in an assignment statement denotes activation of the procedure.

5.4.5. Specifications. In the heading a specification part, giving information about the kinds and types of the formal parameters by means of an obvious notation, may be included. In this part no formal parameter may occur more than once. Specifications of formal parameters called by value (cf. section 4.7.3.1) must be supplied and specifications of formal parameters called by name (cf. section 4.7.3.2) may be omitted.

5.4.6. Code as procedure body. It is understood that the procedure body may be expressed in non-ALGOL language. Since it is intended that the use of this feature should be entirely a question of hardware representation, no further rules concerning this code language can be given within the reference language.

Examples of procedure declarations

Example 1

```
procedure euler (fct, sum, eps, tim); value eps, tim; integer tim;
real procedure fct; real sum, eps;
comment euler computes the sum of fct(i) for i from zero up to infinity by means of
a suitably refined euler transformation. The summation is stopped as soon as tim
times in succession the absolute value of the terms of the transformed series are found
to be less than eps. Hence, one should provide a function fct with one integer argument,
an upper bound eps, and an integer tim. The output is the sum sum. euler is parti-
cularly efficient in the case of a slowly convergent or divergent alternating series;
begin integer i, k, n, t; array m[0:15]; real mn, mp, ds;
i:=n:=t:=0; m[0]:=fct(0); sum:=m[0]/2;
nextterm: i:=i+1; mn:=fct(i);
        for k:=0 step 1 until n do
            begin mp:=(mn+m[k])/2; m[k]:=mn; mn:=mp end means;
        if (abs(mn) < abs(m[n]))∧(n < 15) then
            begin ds:=mn/2; n:=n+1; m[n]:=mn end accept
        else ds:=mn;
        sum:=sum+ds;
        if abs(ds) < eps then t:=t+1 else t:=0;
        if t < tim then go to nextterm
end euler
```

Example 2[1]

```
procedure RK(x, y, n, FKT, eps, eta, xE, yE, fi); value x, y; integer n;
Boolean fi; real x, eps, eta, xE; array y, yE; procedure FKT;
comment RK integrates the system y'k=fk(x, y1, y2, ..., yn) (k=1, 2, ... n)
of differential equations with the method of Runge-Kutta with automatic search for
appropriate length of integration step. Parameters are: The initial values x and y[k]
```

[1] This RK-program contains some new ideas which are related to ideas of S. GILL, A process for the step by step integration of differential equations in an automatic computing machine. Proc. Camb. Phil. Soc. **47** (1951) p. 96, and E. FRÖBERG, On the solution of ordinary differential equations with digital computing machines, Fysiograf. Sällsk. Lund, Förhd. **20** Nr. 11 (1950) p. 136—152. It must be clear however that with respect to computing time and round-off errors it may not be optimal, nor has it actually been tested on a computer.

for x and the unknown functions $y_k(x)$. *The order n of the system. The procedure* $FKT(x, y, n, z)$ *which represents the system to be integrated, i.e. the set of functions* f_k. *The tolerance values eps and eta which govern the accuracy of the numerical integration. The end of the integration interval xE. The output parameter yE which represents the solution at* $x=xE$. *The Boolean variable fi, which must always be given the value* **true** *for an isolated or first entry into RK. If however the functions y must be available at several meshpoints* $x_0, x_1, \ldots, x_n$, *then the procedure must be called repeatedly (with* $x=x_k$, $xE=x_{k+1}$, *for* $k=0, 1, \ldots, n-1$*) and then the later calls may occur with fi* = **false** *which saves computing time. The input parameters of* FKT *must be x, y, n, the output parameter z represents the set of derivatives* $z[k]=f_k(x, y[1], y[2], \ldots, y[n])$ *for x and the actual y's. A procedure comp enters as a non-local identifier;*

```
begin
      array z, y1, y2, y3[1:n]; real x1, x2, x3, H; Boolean out;
      integer k, j; own real s, Hs;
      procedure RK1ST(x, y, h, xe, ye); real x, h, xe; array y, ye;
            comment RK1ST integrates one single Runge-Kutta step with initial
            values x, y[k] which yields the output parameters xe = x+h and ye[k],
            the latter being the solution at xe.
            Important: the parameters n, FKT, z enter RK1ST as non-local entities;
            begin
                  array w[1:n], a[1:5]; integer k, j;
                  a[1]: = a[2]: = a[5]: = h/2; a[3]: = a[4]: = h; xe: = x;
                  for k: = 1 step 1 until n do ye[k]: = w[k]: = y[k];
                  for j: = 1 step 1 until 4 do
                  begin
                        FKT(xe, w, n, z);
                        xe: = x + a[j];
                        for k: = 1 step 1 until n do
                        begin
                              w[k]: = y[k] + a[j] × z[k];
                              ye[k]: = ye[k] + a[j + 1] × z[k]/3
                        end k
                  end j
            end RK1ST;
Begin of program:
      if fi then begin H: = xE − x; s: = 0 end else H: = Hs;
      out: = false;
AA:   if (x + 2.01 × H − xE > 0) ≡ (H > 0) then
      begin Hs: = H; out : = true; H: = (xE − x)/2 end if;
      RK1ST(x, y, 2 × H, x1, y1);
BB:   RK1ST(x, y, H, x2, y2); RK1ST(x2, y2, H, x3, y3);
     for k: = 1 step 1 until n do
            if comp(y1[k], y3[k], eta) > eps then go to CC;
      comment comp(a, b, c) is a function designator, the value of which is the
      absolute value of the difference of the mantissae of a and b, after the exponents
```

```
     of these quantities have been made equal to the largest of the exponents of the
     originally given parameters a, b, c;
     x: = x3; if out then go to DD;
     for k: = 1 step 1 until n do y[k]: = y3[k];
     if s = 5 then begin s: = 0; H: = 2 × H end if;
     s: = s + 1; go to AA;
CC:  H: = 0.5 × H; out: = false; x1 = x2;
     for k: = 1 step 1 until n do y1[k]: = y2[k];
     go to BB;
DD:  for k: = 1 step 1 until n do yE[k]: = y3[k]
end RK
```

Alphabetic index of definitions of concepts and syntactic units

All references are given through section numbers. The references are given in three groups:

def Following the abbreviation "def", reference to the syntactic definition (if any) is given.

synt Following the abbreviation "synt", references to the occurrences in metalinguistic formulae are given. References already quoted in the def-group are not repeated.

text Following the word "text", the references to definitions given in the text are given.

The basic symbols represented by signs other than underlined *(bold faced. Publishers remark)* words have been collected at the beginning. The examples have been ignored in compiling the index.

Note. This report is published in *Numerische Mathematik*, in the *Communications of the ACM*, and in the *Journal of the British Computer Soc.* Reproduction of this report for any purpose is explicitely permitted; reference should be made to this issue of *Numerische Mathematik* and to the respective issues of the *Communications* and the *Journal of the British Computer Soc.* as the source.

Technical University Delft
Delft, Holland
W. L. van der Poel,
(Chairman of Working Group 2.1 on ALGOL of the
International Federation for Information Processing)

D Normblatt DIN 66006

	Informationsverarbeitung **Darstellung von ALGOL-Symbolen auf 5-Spur-Lochstreifen und 80spaltigen Lochkarten**	**DIN 66 006**

Information processing, representation of ALGOL symbols on 5-track punched tape and on 80-column punched cards

ALGOL (aus: algorithmic language) ist eine algorithmische Formelsprache[1]) und dient vorwiegend als Programmierungssprache. Eine in ALGOL formulierte Arbeitsvorschrift wird durch eine informationsverarbeitende Anlage mittels eines ihr angepaßten Übersetzungsprogramms in ein internes Maschinenprogramm übersetzt.

1. Zweck und Anwendung

Die Norm dient dazu, die Darstellung von ALGOL-Programmen auf Lochstreifen und Lochkarten zu vereinheitlichen, so daß Lochstreifen und Lochkarten mit ALGOL-Programmen zwischen verschiedenen informationsverarbeitenden Anlagen ausgetauscht werden können. In dieser Norm wird für 5-Spur-Lochstreifen und 80spaltige Lochkarten die Darstellung von in ALGOL-Programmen verwendeten Symbolen[2]) und Betriebszeichen festgelegt.

Für die Austauschbarkeit von ALGOL-Programmen durch Lochstreifen und Lochkarten sind nur die Lochkombinationen von Bedeutung und nicht die Druckbilder, die durch die Lochkombinationen erzeugt werden. Im Einzelfall können einige Lochkombinationen andere Druckbilder als die angegebenen ergeben.

Anmerkung: Bei der Auswahl der Zeichen wurde weitgehend auf Erfordernisse bei anderen Programmierungssprachen Rücksicht genommen. Die durch diese Norm empfohlene Zuordnung von Lochkombinationen zu ALGOL-Zeichen greift einer Norm für eine Lochstreifen- oder Lochkartendarstellung allgemeiner Zeichensätze nicht vor, auch wenn das Druckbild bestimmter ALGOL-Zeichen dem Druckbild allgemeiner Zeichen gleich ist.

2. Darstellung auf 5-Spur-Lochstreifen[3])

2.1. Die Darstellung der Schriftzeichen für ALGOL auf 5-Spur-Lochstreifen basiert auf dem Internationalen Telegraphen-Alphabet Nr 2[4]). Von diesem wurde an den nachfolgend genannten Stellen abgewichen:

Telegraphen-Alphabet	Schriftzeichen für ALGOL
?	× (Multiplikationszeichen)
🔔 (Klingel)	;
F ziffernseitig	[
G ziffernseitig	]
H ziffernseitig	$_{10}$ (Basiszehn)

Die vollständige Liste der Lochkombinationen und ihre Zuordnung zu den Schriftzeichen für ALGOL und den Betriebszeichen ist in Tabelle 1 gegeben. Die Verwendung der Lochkombination Nr 4 auf der Ziffernseite (Wer da?, Auslösung des fremden Namengebers) ist nicht erlaubt. Dasselbe gilt für die Verwendung der Lochkombination Nr 32 sowohl auf der Buchstabenseite als auch auf der Ziffernseite. Die in runde Klammern gesetzten Wörter, wie (Basiszehn), entsprechen nicht dem Druckbild, sondern dienen zur Erläuterung.

2.2. Die Darstellung von ALGOL-Symbolen mit Hilfe des nach Tabelle 1 verfügbaren Zeichenvorrats ist in Tabelle 3 wiedergegeben. Darin nicht enthalten sind die (im ALGOL-Report[1]) fett gedruckten) Wortsymbole. Die in runde Klammern gesetzten Wörter, wie (Komma), entsprechen nicht dem Druckbild, sondern dienen zur Erläuterung.

Die Wortsymbole, wie **go to**, werden auf Lochstreifen derart dargestellt, daß die Buchstabenfolge des Wortsymbols zu Beginn und am Ende durch je einen Apostroph begrenzt wird, z. B. 'GO TO'. Etwa in Wortsymbole eingefügte Zwischenräume, Wagenrückläufe, Zeilenvorschübe, Buchstaben- und Ziffernumschaltungen sind bedeutungslos.

3. Darstellung auf 80spaltigen Lochkarten

3.1. Die Zuordnung der Lochkombinationen zu den Schriftzeichen für ALGOL ist in Tabelle 2 gegeben[5]). Der Übersichtlichkeit halber ist in dieser Tabelle die Lochkartenspalte waagerecht dargestellt. Alle nicht angegebenen Lochkombinationen, z. B. die Lochkombination 11-3-8[6]), sind in ALGOL-Programmen nur in Bemerkungen und Zeichenreihen zulässig (siehe aber Anmerkung zu Abschnitt 3.2). Die in runde Klammern gesetzten Wörter, wie (Null), entsprechen nicht dem Druckbild, sondern dienen zur Erläuterung.

---

[1]) siehe Backus, J. W., et al.: Revised Report on the algorithmic language ALGOL 60. Num. Mathematik 4 (1963) S. 420—543. Diese von der International Federation for Information Processing (IFIP) gebilligte Veröffentlichung wird in dieser Norm kurz „ALGOL-Report" genannt.

[2]) Unter „Symbol" wird ein Zeichen oder eine in einem bestimmten Zusammenhang als Einheit betrachtete Folge von Zeichen verstanden, siehe DIN 44300.

[3]) Die Angaben in diesem Abschnitt stimmen sachlich überein mit den entsprechenden Angaben im ALGOL-Manual der ALCOR-Gruppe, Teil 3, siehe Elektronische Rechenanlagen 4 (1962) S. 71—85, insbesondere S. 81—82.

[4]) siehe Vollzugsordnung für den Telegraphendienst (VTO), Kapitel IV, Artikel 16, Genf 1958.

[5]) Die Zuordnung stimmt z. B. mit der Zeichenbelegung, Ausführung H, der IBM (Internationale Büro-Maschinen GmbH, Sindelfingen/Württ.) und mit dem „Standard-Code für 80spaltige Lochkarten" von Remington Rand UNIVAG (Abteilung der Remington Rand GmbH, Frankfurt am Main) überein.

[6]) Die Ausführung H der IBM und der Standard-Code für 80spaltige Lochkarten von UNIVAC sehen hier das Zeichen $ (Dollar) vor.

Fortsetzung Seite 2 bis 4

Fachnormenausschuß Informationsverarbeitung (FNI) im Deutschen Normenausschuß (DNA)

Die in der Darstellung auf 5-Spur-Lochstreifen (siehe Tabelle 1), jedoch nicht nach Tabelle 2 verfügbaren Zeichen für ALGOL

[ ] ₁₀ : ;

werden auf Lochkarten wie folgt umschrieben:

Schriftzeichen für ALGOL	Lochkartenzeichen
[	(/
]	/)
₁₀ (Basiszehn)	' (Apostroph)
:	. .
;	. ,

Das Ergibtsymbol := wird auf Lochkarten durch

.=

dargestellt.

3.2. Die Darstellung von ALGOL-Symbolen mit Hilfe des nach Tabelle 2 verfügbaren Zeichenvorrats ist in Tabelle 3 wiedergegeben. Darin nicht enthalten sind die (im ALGOL-Report [1]) fett gedruckten) Wortsymbole. Die Wortsymbole, wie **go to**, werden auf Lochkarten ebenso wie auf Lochstreifen dargestellt, siehe Abschnitt 2.2.

Anmerkung: Es ist vorgesehen, den Zeichenvorrat bei 80spaltigen Lochkarten zu vergrößern und dadurch die Darstellung einiger ALGOL-Symbole (siehe Tabelle 3) zu vereinfachen, sobald die technischen Möglichkeiten dies erlauben.

3.3. Bei 80spaltigen Lochkarten werden nur die Spalten 1 bis 72 der Lochkarten für den ALGOL-Programmtext benutzt. Die Spalten 73 bis 80 sind für das ALGOL-Übersetzungsprogramm bedeutungslos.

Tabelle 1. **Darstellung von Zeichen für ALGOL auf 5-Spur-Lochstreifen**

Nr	Lochkombination							Zeichen für ALGOL	
	Spur						Bezeichnung durch Spur-Nr	auf der Buchstabenseite	auf der Ziffernseite
	1	2	Taktloch	3	4	5			
1	O	O	·				1 – 2	A	–
2	O		·		O	O	1 – 4 – 5	B	× (Multiplikationszeichen)
3		O	·	O	O		2 – 3 – 4	C	:
4	O		·		O		1 – 4	D	(unzulässig, ✻)
5	O		·				1	E	3
6	O		·	O	O		1 – 3 – 4	F	[
7		O	·		O	O	2 – 4 – 5	G	]
8			·	O		O	3 – 5	H	₁₀ (Basiszehn)
9		O	·	O			2 – 3	I	8
10	O	O	·		O		1 – 2 – 4	J	;
11	O	O	·	O	O		1 – 2 – 3 – 4	K	(
12		O	·			O	2 – 5	L	)
13			·	O	O	O	3 – 4 – 5	M	. (Punkt)
14			·	O	O		3 – 4	N	, (Komma)
15			·		O	O	4 – 5	O	9
16		O	·	O		O	2 – 3 – 5	P	0 (Null)
17	O	O	·	O		O	1 – 2 – 3 – 5	Q	1
18		O	·		O		2 – 4	R	4
19	O		·	O			1 – 3	S	' (Apostroph)
20			·			O	5	T	5
21	O	O	·	O			1 – 2 – 3	U	7
22		O	·	O	O	O	2 – 3 – 4 – 5	V	=
23	O	O	·			O	1 – 2 – 5	W	2
24	O		·	O	O	O	1 – 3 – 4 – 5	X	/
25	O		·	O		O	1 – 3 – 5	Y	6
26	O		·			O	1 – 5	Z	+
27			·		O		4	(Wagenrücklauf)	
28		O	·				2	(Zeilenvorschub)	
29	O	O	·	O	O	O	1 – 2 – 3 – 4 – 5	(Buchstabenumschaltung)	
30	O	O	·		O	O	1 – 2 – 4 – 5	(Ziffernumschaltung)	
31			·	O			3	(Zwischenraum)	
32			·					(unzulässig)	(unzulässig)

Tabelle 2. **Darstellung von Zeichen für ALGOL auf 80spaltigen Lochkarten**

Nr	Lochkombination Zeile 12	11	0	1	2	3	4	5	6	7	8	9	Bezeichnung durch Zeilen-Nr	Zeichen für ALGOL
1	▭			▭									12 – 1	A
2	▭				▭								12 – 2	B
3	▭					▭							12 – 3	C
4	▭						▭						12 – 4	D
5	▭							▭					12 – 5	E
6	▭								▭				12 – 6	F
7	▭									▭			12 – 7	G
8	▭										▭		12 – 8	H
9	▭											▭	12 – 9	I
10		▭		▭									11 – 1	J
11		▭			▭								11 – 2	K
12		▭				▭							11 – 3	L
13		▭					▭						11 – 4	M
14		▭						▭					11 – 5	N
15		▭							▭				11 – 6	O
16		▭								▭			11 – 7	P
17		▭									▭		11 – 8	Q
18		▭										▭	11 – 9	R
19			▭		▭								0 – 2	S
20			▭			▭							0 – 3	T
21			▭				▭						0 – 4	U
22			▭					▭					0 – 5	V
23			▭						▭				0 – 6	W
24			▭							▭			0 – 7	X
25			▭								▭		0 – 8	Y
26			▭									▭	0 – 9	Z
27				▭									1	1
28					▭								2	2
29						▭							3	3
30							▭						4	4
31								▭					5	5
32									▭				6	6
33										▭			7	7
34											▭		8	8
35												▭	9	9
36			▭										0	0 (Null)
37	▭												12	+
38		▭											11	–
39			▭	▭									0 – 1	/
40	▭					▭					▭		12 – 3 – 8	. (Punkt)
41			▭			▭					▭		0 – 3 – 8	, (Komma)
42						▭					▭		3 – 8	=
43	▭						▭				▭		12 – 4 – 8	)
44		▭					▭				▭		11 – 4 – 8	*
45			▭				▭				▭		0 – 4 – 8	(
46							▭				▭		4 – 8	' (Apostroph)
47														(Zwischenraum)

Tabelle 3. Darstellung von ALGOL-Symbolen auf 5-Spur-Lochstreifen und 80spaltigen Lochkarten

ALGOL-Symbol	Lochstreifendarstellung	Lochkartendarstellung
+	+	+
−	−	−
× (Multiplikationszeichen)	× (Multiplikationszeichen)	*
/	/	/
÷	'/'	'/'
↑	'POWER'	'POWER'
<	'LESS'	'LESS'
≦	'NOT GREATER'	'NOT GREATER'
=	'EQUAL'	'EQUAL'
≧	'NOT LESS'	'NOT LESS'
>	'GREATER'	'GREATER'
≠	'NOT EQUAL'	'NOT EQUAL'
≡	'EQUIV'	'EQUIV'
⊃	'IMPL'	'IMPL'
∨	'OR'	'OR'
∧	'AND'	'AND'
¬	'NOT'	'NOT'
, (Komma)	, (Komma)	, (Komma)
. (Punkt)	. (Punkt)	. (Punkt)
₁₀ (Basiszehn)	₁₀ (Basiszehn)	' (Apostroph)
:	:	..
;	;	.,
:=	:=	.=
(	(	(
)	)	)
[	[	(/
]	]	/)
‘ (Zeichenreihen-Klammern)	'('	'('
’	')'	')'
␣	(Zwischenraum)	(Zwischenraum)

Literaturhinweise

Algol und Programmieren in Algol

Algol 60. Beiheft 2 der Zeitschrift „Elektronische Datenverarbeitung". Braunschweig 1964.
Baumann, R.: ALGOL-Manual der Alcor-Gruppe. München 1968.
Bayer, G.: Programmierübungen in Algol 60. Berlin 1970.
Herschel, R.: Anleitung zum praktischen Gebrauch von Algol. München–Wien 1966.
McCracken, D. D.: A Guide to Algol Programming. New York 1962.
Nickel, K.: Algol-Praktikum, Karlsruhe 1964.
Rutishauser, H.: Description of Algol 60. Berlin–Heidelberg–New York 1967.
Kerner, I. O., u. *G. Zielke:* Einführung in die algorithmische Sprache Algol. 3. Aufl., (Verlag Dokumentation) München 1969.

Numerische Verfahren

Berezin, I. S., u. *N. P. Zhidkov:* Computing Methods. Pergamon Press 1965.
Handbook für Automatic Computation (erscheint demnächst im Springer-Verlag, Berlin–Heidelberg–New York).
Ralston, A., u. *H. S. Wilf:* Mathematische Methoden für Digitalrechner. München–Wien 1967.
Zurmühl, R.: Praktische Mathematik. Berlin-Göttingen-Heidelberg 1965.

Hardware

Klar, R.: Digitale Rechenautomaten (Slg. Göschen 1241/1241a). Berlin 1969.
Rechenberg, P.: Grundzüge digitaler Rechenautomaten. München–Wien 1964.

Umfassende Darstellung über Rechenanlagen, deren Programmierung usw.

Bauer, F. L., J. Heinhold, K. Samelson u. *R. Sauer:* Moderne Rechenanlagen. Stuttgart 1965.

Programmieren, allgemein

Müller, D.: Programmierung elektronischer Rechenanlagen. 3. Aufl., Mannheim 1969.
Schneider, H. J., u. *D. Jurksch:* Programmierung von Datenverarbeitungsanlagen. 2. erw. Auflage (Slg. Göschen 1225/1225a). Berlin 1970.

Rundungsfehler

Wilkinson, J. H.: Rundungsfehler. Berlin–Heidelberg–New York 1969.

Nachrichtentechnik und Rechenanlagen, Geschichtliches

Steinbuch, K.: Die informierte Gesellschaft. Stuttgart 1966 (auch als Ro-ro-ro Taschenbuch erhältlich).

Register

DATENVERARBEITUNG

Einführung in das Programmieren

Teil 2: Programmieren in einer Assembler Sprache. Von **Georg Bayer.** Oktav. 132 Seiten. 1969. DM 12,– (de Gruyter Lehrbuch)

Programmierbeispiele in ALGOL

Von **Georg Bayer.** Groß-Oktav. Etwa 96 Seiten. 1971. Etwa DM 10,– (In Vorbereitung)

Einführung in das Programmieren in FORTRAN

Von **Wolfgang E. Spieß** und **Friedrich G. Rheingans.** 2., erweit. und verbess. Aufl. Groß-Oktav. 216 Seiten. Mit 19 Abbildungen und 13 Tabellen, Programmierbeispielen und Übungen. 1971. DM 14,– (de Gruyter Lehrbuch)

Einführung in die Datenverarbeitung

Von **Sebastian Dworatschek.** 3., erw. Auflage. Groß-Oktav. Mit 266 Bildern, 189 Übungsaufgaben und einem Abbildungsanhang. XVI, 371 Seiten. 1970. Geb. DM 24,– (de Gruyter Lehrbuch)

Schaltalgebra und digitale Grundschaltungen

(Teilprogrammierter Text)
Von **Sebastian Dworatschek** unter Mitarbeit von **Hermann Gehring,** mit zahlreichen Bildern und 73 Übungsaufgaben mit Lösungen. Groß-Oktav. 127 Seiten. 1970. DM 12,– (de Gruyter Lehrbuch)

Die automatisierte elektronische Datenverarbeitung

und ihre Bedeutung für die Unternehmensleitung. Von **Andreas Diemer.** 2., überarbeitete und erweiterte Auflage. Groß-Oktav. Mit 37 Abbildungen und zahlreichen Tabellen, Ablaufdiagrammen und Beispielen. 294 Seiten. 1968. Geb. DM 34,–

Automatentheorie

Grundlagen und Anwendungen. Von **Wolfgang Händler.** Groß-Oktav. Etwa 320 Seiten. In Vorbereitung.

Der logische Entwurf von Schaltkreisen

Von **Günter Hotz.** Groß-Oktav. Etwa 300 Seiten. 1971. Etwa DM 54,–. Im Druck

Digitale Rechenautomaten

Eine Einführung. Von **Rainer Klar.** 205 Seiten. Mit 19 Tabellen, 75 Abbildungen und 37 Beispielen. 1970. DM 5,80 (Sammlung Göschen Band 1241/1241a)

Aufbau und Arbeitsweise von Compilern

Von **Hans Jürgen Schneider.** Groß-Oktav. Etwa 160 Seiten. 1971. Etwa DM 28,–. (In Vorbereitung)

Digitalrechner in technischen Prozessen

Von **Helmut Hotes.** Groß-Oktav. IV, 313 Seiten. Mit zahlreichen Abbildungen, 1967. Geb. DM 48,–

Einführung in die Programmierung digitaler Rechenautomaten

Von **Fritz Rudolf Güntsch** und **Hans Jürgen Schneider.** 3. Auflage. Groß-Oktav. Mit 3 Tafeln und vielen Textabbildungen. Etwa 388 Seiten. 1971. In Vorbereitung

Programmierung von Datenverarbeitungsanlagen

Von **Hans Jürgen Schneider** und **Dieter Jurksch.** 2., verb. Auflage. Etwa 120 Seiten. Mit 14 Abbildungen und 8 Tabellen. 1970. DM 5,80 (Sammlung Göschen Band 1225/1225 a)

Strukturanalyse der maschinellen betrieblichen Informationsbearbeitung

Von **Arno Schulz.** Groß-Oktav. 297 Seiten. 1970. Geb. DM 52,– (Kommerzielle Datenverarbeitung)

Integrierte Datenverarbeitungssysteme für die Unternehmensführung

Von **Hans D. Kalscheuer.** 2. Auflage. Groß-Oktav. 121 Seiten. Mit 7 Abbildungen. 1969. Geb. DM 28,– (Kommerzielle Datenverarbeitung)

Personelle Organisation in der elektronischen Datenverarbeitung

Von **Eckart Zwicker.** 2. Auflage. Groß-Oktav. 102 Seiten. Mit 31 Abbildungen. 1969. Geb. DM 28,– (Kommerzielle Datenverarbeitung)

Elektronische Kosten-Leistungsrechnung für Industriebetriebe

Von **Ernst Georg Lotz.** Groß-Oktav. 175 Seiten. Mit 34 Abbildungen. 1969. Geb. DM 32,– (Kommerzielle Datenverarbeitung)

Elektronische Datenverarbeitung in Kreditinstituten

Von **Horst Stevenson.** Groß-Oktav. 177 Seiten. Mit 19 Abbildungen und 2 Klapptafeln. 1968. Geb. DM 32,– (Kommerzielle Datenverarbeitung)

Elektronische Datenverarbeitung in Handelsbetrieben

Von **Hans Robert Hansen.** Groß-Oktav. 202 Seiten. 1970. Geb. DM 44,– (Kommerzielle Datenverarbeitung)

Elektronische Datenverarbeitung in der Bekleidungsindustrie

Von **Norbert Herrmann.** Groß-Oktav. 138 Seiten. 1970. Geb. DM 34,– (Kommerzielle Datenverarbeitung)

Datenorganisation

Von **Hartmut Wedekind.** Groß-Oktav. 271 Seiten. Mit 152 Abbildungen. 1970. Geb. DM 28,–

Organisations-Handbuch für die Einrichtung von ADV-Systemen

Von **Eberhard Parisini** und **Otto Wächter.** Groß-Oktav. Etwa 300 Seiten. Mit zahlreichen Bildern und Beispielen. 1971. Etwa DM 40,– Im Druck

WIRTSCHAFT

Lineare Programmierung

Ein programmiertes Lehrbuch von **Hans-Jürgen Zimmermann** und **Johannes Zielinski.** Groß-Oktav. Etwa 300 Seiten. 1971. Etwa DM 28,–

Mathematische Propädeutik für Wirtschaftswissenschaftler

Von **Wolfgang Wetzel, Horst Skarabis, Peter Naeve.** Teil 1: Lineare Algebra. Oktav. 99 Seiten. DM 8,–; Teil 2: Analysis. Etwa 160 Seiten. 1971. (de Gruyter Lehrbuch)

Kosten und Kostenrechnung

Von **Konrad Mellerowicz.** 4., durchgesehene und umgearbeitete Auflage. Groß-Oktav. 2 Bände. Ganzleinen. I: Theorie der Kosten. XII, 533 Seiten. 1963. DM 30,–; II, 1: Verfahren. Allgemeine Fragen der Kostenrechnung und Betriebsabrechnung. XVI, 534 Seiten. 1966. DM 38,–; II, 2: Verfahren. Kalkulation und Auswertung der Kostenrechnung und Betriebsabrechnung. VIII, 588 Seiten. 1968. DM 48,–

Kostenrechnung und Kalkulation

Von **Erich Kosiol.** 249 Seiten. Mit 43 Abbildungen. 1969. DM 5,80 (Sammlung Göschen Band 1214/1214 a)

Buchhaltung und Bilanz

Von **Erich Kosiol.** 2., überarbeitete und veränderte Auflage. 186 Seiten. 1967. DM 5,80 (Sammlung Göschen Band 1213/1213 a)

Budgetierung

Von **Herman C. Heiser.** Grundsätze und Praxis der betriebswirtschaftlichen Planung. Groß-Oktav. 425 Seiten. 1964. Ganzleinen DM 68,–

Investitionsrechnung

Von **Heinrich H. Jonas.** Groß-Oktav. Mit zahlreichen Tabellen und Abbildungen. 153 Seiten. 1964. Ganzleinen DM 28,–

Daten als Grundlage für Investitionsentscheidungen

Theoretische Anforderungen und praktische Möglichkeiten der Datenermittlung im Rahmen des investitionspolitischen Entscheidungsprozesses. Von **Günter Frischmuth.** Groß-Oktav. 269 Seiten. 1969. Geb. DM 42,–

Interne Revision

Von **Viktor Z. Brink** und **James A. Cashin.** Groß-Oktav. 514 Seiten. 1962. Ganzleinen DM 48,–

Besteuerung und Innenfinanzierung

Finanzierungseffekte der betrieblichen Steuerpolitik. Von **Wolfgang Lichy.** Groß-Oktav. 176 Seiten. Mit 11 Figuren und 32 Tabellen. 1967. Geb. DM 32,–

Der freiwillige soziale Aufwand in der Industrie

und seine betriebswirtschaftliche Behandlung. Von **Günter Merle.** Groß-Oktav. Mit 26 Tabellen. 162 Seiten. 1963. Ganzleinen DM 28,–

Planung und Entwicklung neuer Produkte

Von **Klaus Brankamp.** Etwa 180 Seiten. 1971. Etwa DM 24,– Im Druck

MIX
Papier | Fördert
gute Waldnutzung
FSC® C083411

Zeitfracht Medien GmbH
Ferdinand-Jühlke-Straße 7
99095 Erfurt, Deutschland
produktsicherheit@kolibri360.de